伟大的城市法则

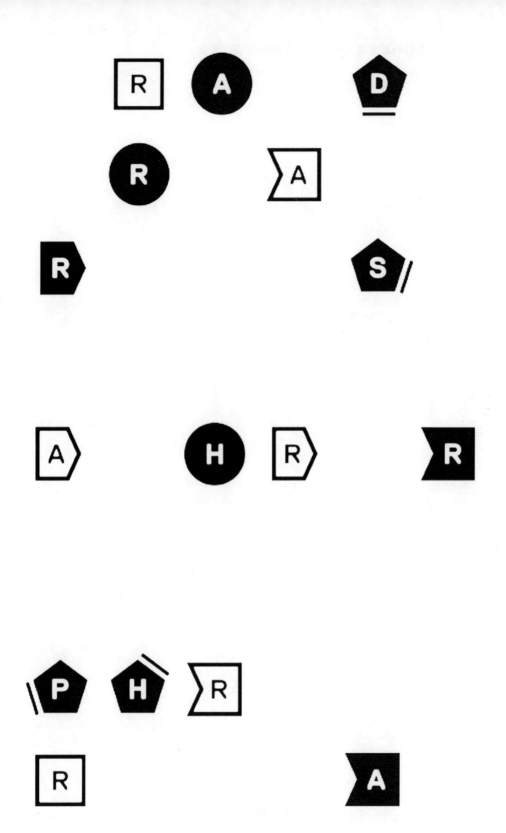

国家社科基金重大研究专项（22VHQ009）资助

该书的内容源于苏黎世联邦理工学院（ETH Zürich）的一个研究项目，由基斯·克里斯蒂安（Kees Christiaanse）教授及路德·豪威斯塔德（Ludger Hovestadt）教授指导。

伟大的城市法则

Grand Urban Rules

[荷] 亚历克斯·雷纳　著

邓昭华　王世福　译

中国城市出版社

著作权合同登记图字：01-2013-8051 号

图书在版编目（CIP）数据

伟大的城市法则 /（荷）亚历克斯·雷纳著；邓昭华，王世福译 . -- 北京：中国城市出版社，2024.9.
ISBN 978-7-5074-3752-2

Ⅰ . TU984

中国国家版本馆 CIP 数据核字第 20245KM633 号

Grand Urban Rules / Alex Lehnerer

Copyright © 2009 Uitgeverij 010 Publishers

Translation copyright © 2024 China City Press

Design © Studio Joost Grootens

Published by arrangement with nai010 publishers

本书由荷兰nai010出版社授权翻译出版

国家社科基金重大研究专项（22VHQ009）资助

责任编辑：姚丹宁

责任校对：王　烨

伟大的城市法则
Grand Urban Rules

[荷] 亚历克斯·雷纳　著

邓昭华　王世福　译

*

中国城市出版社出版、发行（北京海淀三里河路9号）

各地新华书店、建筑书店经销

北京点击世代文化传媒有限公司制版

北京中科印刷有限公司印刷

*

开本：787毫米×1092毫米　1/16　印张：17¼　字数：270千字

2024年9月第一版　2024年9月第一次印刷

定价：**88.00**元

ISBN　978-7-5074-3752-2

　　（904735）

译者序

现代城市的美是如何由法则生成的？这些法则的初次生成有什么特定的社会经济及政治条件？后来又是如何被调整的？这些问题，构成了《伟大的城市法则》（*Grand Urban Rules*）一书的主线。这里呈现的大部分法则可能对专家读者来说并不新鲜。但这些法则的起源相对鲜为人知，这也是本书的价值所在。

一. 这是一本关于城市设计法则溯源的书

本书虚构了一个地球上的"理想城市"。该"理想城市"拥有500~600万人口，面积1850平方公里，并拥有600多年的历史，文化与制度背景与美国相似。该城市正经历较快的城镇化进程，亟需解决因快速增长而带来的邻里致密化、自然环境保护等问题。因此，如何以公共利益之名来协调城市建设并获得美好的城市形态，是其当务之急。这也是众多发展中国家的城市所面临的难题。

为了完成这个任务，作者收录了世界各城市设计"先锋城市"的经验。大部分以美国城市为蓝本，也涉及部分欧洲、亚洲城市的经验，介绍了现代城市对城市设计的要素干预、路径设定、规则制定、公私协调等的早期尝试及后期修正的众多断面。

对于城市设计来说，这是一本实用的工具书。本书先把收集到的115条法则进行简单罗列，再将索引融入正文。读者有两种阅读方式：第一种是法则查阅。读者可先看法则集合的罗列，找到自己感兴趣的规则，再翻阅正文中相应的部分，查看每条法则背后的故事，包括该法则产生的背景、制定的动力、法则的效用、受到的阻力等。第二种是故事猎奇。按作者的写作逻辑，从头到尾地浏览每一个设计法则生成的故事，或惊心动魄，或爱恨交加，或心有共鸣。最终，组成一幅法则来龙去脉清晰的全景画面。

二. 这是一本非常有趣的书

该书尽可能地索源其收集的115条法则。如果说，形态控制的结果是表象，则该书所阐述的，是这个表象后面更大的制度、社会经济背景。看着这些背景故事的描述，您或者会心一笑，或者嗤之以鼻，又或者恍然大悟。我们会惊喜地发现：

为了解决不同使用功能间的空间矛盾，许多美国城市都复制了1916年纽约市区划法，就连它的印刷错误也被复制了；

美国俄亥俄州的圆村，因法则而从圆形的形态变成了方形的街道布局；

唐纳德·特朗普（Donald Trump）曾利用纽约市艺术协会委员的身份，阻止了影响其自家物业景观的第一波士顿银行（First Boston Bank）的建设，但后来，他自己因另外的物业开发，影响了联合国秘书处大厦的景观；

美国欧几里得村的案例使区划法得到法律认可，因法院裁定区划条例是一种宪法实践，属于警察权属范围；

各地城市在探索高度控制、容积率控制阈值时，产生了一系列公共与私人"斗争"的真实故事；

美国圣巴巴拉的西班牙殖民风格，是因其区划法、建筑规范中的风格植入；

巴黎、柏林的街区高度，分别以日常生活的舒适度、消防极限作为控高的依据，最终形成了各自的城市形态风格；

香港的山脊线保护，旨在保持太平山美景的同时，容纳城市未来发展的更多空间；

伦敦的视线管理，靠的是如何在历史地标背后"隐藏"新盖的建筑；

因纽约中央车站的历史价值，使之不能完全释放其开发权，从而引进了开发权转移的制度；

……

这些故事，皆非常有趣，但调侃中也揭示了普遍的规律，引起读者的思考：

公共利益总是来源于私人利益；

临近性提升了对管制的需求；

供公众使用的空间总是存在被个体过度利用的倾向；

我们享有的自由是受限制的；

规则的更新是必要的；

同一时期由投机催生的高层建筑，有着类似的外观和尺度（译者注：这从侧面解释了我国千城一面现象背后的主要原因）；

……

三. 这是一本值得我国读者阅读的书

该书为我国正在经历的中国式现代化、高质量发展、新型城镇化、国土空间规划、城市更新等实践，带来不少的启示。对于城市决策者、管理者来说，城市的雄心是必要的，但其实现会远超技术性的形态管理，更重要的是因势利导地利用市场、法律、社会的管理与监督来实现城市的雄心。对于城市设计从业人员来说，本书解答了我们心中长久以来的核心问题：参考案例、规则看起来很美，但支撑这些规则的土壤条件，是决定这些规则效用的最重要因素，需要从业人员仔细甄别。

人类的历史是一部发展史，社会经济发展的进步过程中，公共审美的范畴和规划治理的方式也在演进变化，城市规则也在地方实践中不断被修订。中国城市设计作为中国式现代化进程中城市空间品质提升的有力工具，正在发挥其积极作用。站在前行者的肩膀上，中国的城市设计实践及理论研究已逐渐形成了自己的特色：城市设计总师制度下的伴随式治理实践、融入规划体系的城市设计技术导控，以及应用新技术的生态低碳城市设计、数字化城市设计、智能城市设计、未来城市设计等，这些都将引领创造更伟大的城市。

本书英文原著由亚历克斯·雷纳（Alex Lehnerer）博士撰写。翻译过程中既要保留原文的情感精华，又要在中文语境中做到通俗易懂，充满挑战。翻译中可能出现的错漏，皆因译者的水平有限。翻译工作得到了华南理工大学建筑学院城乡规划专业部分学生的帮助，特别鸣谢朱雅琴、李琳、刘子颖、何旭玮、詹飞翔、沈一华等同学的贡献。

祝大家愉快地享用本书！

目录

第0章

阿弗努尼市及其法则

　　这是一座虚构的城市，特定的规则成就了它的物质空间。在不成文的习俗不足以管控私人利益时，当地居民从世界各地甄选并引进了这些规则。因此，该地的建筑法则是理想化的，它的各项规则既能单独运作，同时也相互整合。

阿弗努尼（Averuni）市坐落在大西洋的阿弗努尼岛上，位于纽约东北方向约2小时的飞行距离。从伦敦飞往这个小岛大概要花5.5小时。该岛几乎是阿弗努尼都会区的范围了，北面有山脉环绕。沿着狭窄海岸线的自然保育公园，是当地居民主要的休闲区域。该城市与她的都会区约为1480平方公里，占据小岛80%的面积。以每平方公里3665人的密度，她与巴黎的城市单元（unité urbaine）相仿，但面积仅为后者的一半有余。大西洋的区位使阿弗努尼拥有强烈的美洲西部和北部特征，同时带有部分欧洲和亚洲的元素，这可以从其城市形态及人口特征中识别到。在过去的两个世纪，该地迎来了全球各地的移民。岛上的宪制及民主制度与美利坚合众国相似。这是一座相对古老的城市，该市从1348年开始记录自己的历史，但她只在20世纪初经历过爆发式的增长，城市足迹覆盖了整个小岛。该次增长造就了其至今仍未被察觉的特色：拥挤。逐渐地，邻里距离的缩短导致了冲突；为了获得更多生活空间，该市开始开发剩下的自然区域，也就是阿弗努尼丘陵地带。很快，她开始感受到其他城市正在经历的煎熬。市长意识到了这一点。在此之前，这座城市觉得建筑与区划条例是多余的（他们认为，居民在追求私人利益的时候，会自觉地保护公共利益）。市政当局近年来开始觉醒了，认为公共利益是需要被正式保护的，应该快速行动起来。但是，量体裁衣的建筑与区划条例是需要花时间准备的。市长有个想法：他组织了"伟大的城市法则小组"（Grand Urban Rules Group, GURG），由该市的知名建筑师组成，在世界城市中寻找与阿弗努尼市特色相近的城市，或那些与阿弗努尼市面临类似问题的城市。此外，他们还调查这些城市的法则是如何协调公私利益的，及其造成何种城市形态的结果。最终，19个城市入选，他们是：柏林（Berlin）、芝加哥（Chicago）、中国香港（Hong Kong）、休斯敦（Houston）、拉斯韦加斯（Las Vegas）、伦敦（London）、洛杉矶（Los Angeles）、纽约（New York）、巴黎（Paris）、费城（Philadelphia）、布法罗（Buffalo）、波特兰（Portland）、旧金山（San Francisco）、圣吉米尼亚诺（San Gimignano）、圣巴巴拉（Santa Barbara）、西雅图（Seattle）、斯图加特（Stuttgart）、温哥华（Vancouver）、苏黎世（Zurich）。

幸运的是（这可能只是茶余饭后的谈资），这19个城市的平均维度是北纬41°，平均经度为西经54°——这刚好是阿弗努尼市中央商务区的位置，拥有众多的高楼大厦。

在调查相关的建筑条例及其文本后，GURG 开始识别与阿弗努尼市特别相关的规则，并在不同的尺度上逐一协调。随后，制定了一套全面覆盖阿弗努尼市的条例。这里所产生的法则，并不单单是行政管理工具，同时也是这个城市的叙事本。它记载着一个若干年前已经描述好的城市未来，并使之慢慢变成现实。现在所见到的法则，是过去 10 年内不断完善的结果——因为某些法则并不能在实践中产生预期的结果，也因为阿弗努尼市意识到某些规则只在某些城市昙花一现，同时，也因为对规则的持续校正是保持城市活力和多元性的必要条件。

§ x

动因

Ⓐ 审美：公共审美、形体外观

Ⓗ 卫生：分离不相容的用途、方案、土地利用

Ⓒ 文脉：受周边环境背景及保护措施、经济和社会制度、传统等的约束

Ⓡ 采光权：每个人都享有充足的光照和空气

Ⓥ 视廊管理：保护城市重要的视廊

Ⓜ 体量管理：对对象的形态与体量的基本规定

规则目录

规则的类型

绝对：固定限制 Ⓐ Ⓡ 相对：参考，比值，依存

与区划相关 □ ■ 与区划无关

最小值 ◧ ◨ 最大值

范畴

Ⓓ 密度和分布管控

Ⓟ 方案统筹管控

Ⓕ 形态管控

Ⓗ 高度

Ⓢ 风格

规则来源

如有必要，每条规则都会附上图示，同时指出该规则在
城市里起作用的位置。

缩写
§ 章节

Ⓒ Ⓐ Ⓓ Ⓟ Ⓕ Ⓗ Ⓢ 规则来源

规则名称

描述性解释 [参考资料]

C R D P F H S　　　总体原则

滋扰法案（Common Law of Nuisance）

任何个体的行为皆不应对其他个体产生滋扰。[p.78]

C R D P F H S　　亚当·斯密斯（Adam Smith）

看不见的手（Invisible Hand）

每个人在追求自己的目标时，在某种程度上都会不自觉地促进社会的繁荣。[p.78]

C A D　　F H S　　美国最高法院决议

审美权（Rights to Beauty）

当以上两条规则不适用时，城市政府有权界定公共利益，并使用警察权进行管制。
公共利益包括了审美需求。[p.112]

PPI
§1.04

Ⓒ Ⓡ Ⓓ Ⓟ Ⓕ Ⓗ Ⓢ   总体原则

公共利益与私人利益（Public & Private Interests）

公共利益总是来源于私人利益。但这并不意味着公共利益不能对抗或约束私人利益。[p.81]

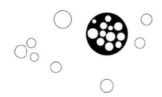

RC
§1.05

Ⓒ Ⓡ Ⓓ Ⓟ Ⓕ Ⓗ Ⓢ   芝加哥 / 纽约 / 总体原则

修订周期（Revision Cycles）

一系列不成文的社会与经济规范完善了官方公布的规则。它们对城市是有约束力的。这些不成文的规范随着时间而变。因此，法则也必须随之而修改。这种修改有助于塑造渴望已久的形态多样性。[p.90，222，图 105]

FAC
§1.06

Ⓒ Ⓡ Ⓓ Ⓟ Ⓕ Ⓗ Ⓢ   弗里德里希·哈耶克（Friedrich A. Hayek）

自由与管制（Freedom & Coercion）

自由就是没有管制。[p.64]

$$x - coercion = freedom$$

C **R** **D** **P** **F** **H** **S**　　休·费理斯（Hugh Ferriss）

邻里管制（Proximity Coercion）

临近性提升了对管制的需求。[p.146，246，249，251]

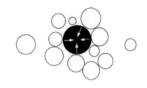

C **R** **D** **P**　　**H**　　公有地，加勒特·哈丁（Garret Hardin）

过度开发的倾向（Tendency towards Overexploitation）

供公众使用的空间总是存在被个体过度利用的倾向。在没有被私有化的公共区域，必须制定规则，一方面节制私人利益，另一方面有效协调公私利益关系。[p.78，118，177，251，图9]

$$+1 - 1/x = >0$$

C **R** **D** **P** **F** **H** **S**　　总体原则

规则与自由（Rules and Freedoms）

规则会调整决断的总体程度（管制）。因此，规则之下存在一定程度的自由。纯粹的自由是不存在的：很大程度上，我们享有的自由是受限制的。一旦规则生效，相应的自由也会自动产生。[p.65]

PSA
§1.10

C A D P   S   威廉·怀特（William H. Whyte）/ 纽约

公共空间认同（Public Space Acceptance）

很难设计一个不吸引任何人的空间。但它是否成功才最值得注意。有地方可以坐的时候，人们就会去坐。[p.179]

§2 宏观土地利用规则

ROT
§2.01

C A D   F H S   纽约

三次重建规则（Rule of Three）

在过去的一个世纪里，市中心的许多地块历经了多达三次的重建。城市有权对某些建筑物授予历史地标的地位，让它们得到永久性的保护。[p.141]

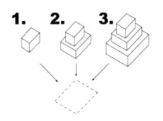

GT
§2.02

C R   P   纽约

过度使用倾向（Glut Tendency）

多样的或混合的功能往往趋向于自我毁灭，特别是那些成功的案例会过度使用空间。为了尽量降低过度使用的趋势和危险性，土地使用规定具有最长 10 年的法律效力（如果不受其他规定约束的话）。此后，应对此规定进行重新修订。[p.220]

Ⓐ Ⓐ Ⓕ Ⓢ 纽约

风格规则（Style Rules）

与 §1.05 保持一致，规则的更新是必要的，因为城市管理不能与社会变化脱节，这些变化包括人们对城市和建筑形态的认知变化。[p.182，183，图 79]

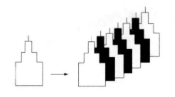

Ⓒ Ⓐ 威廉·怀特（William H. Whyte）

土地保护（Land Preservation）

保护土地的最好方法是购买它。[p.99]

Ⓒ Ⓡ Ⓓ 对比休斯敦与芝加哥

人均道路长度（Population to Overall Street Length）

人口规模与服务他们的基础设施总长度之间的关系因城市而异，且这两者之间没有直接的比例关系。[p.197，246]

RLP

§ 2.06

Ⓥ Ⓡ Ⓓ　Ⓕ Ⓗ　　中国香港

山脊线保护（Ridge Line Protection）

为了让城市在视觉上保持山边聚落的形态，山脉的山脊线要受到保护。城市有权自行决定从对面港口必须看到的山脊线的量。[p.134，图 48]

SDP

§ 2.07

Ⓥ Ⓡ Ⓓ Ⓟ Ⓕ Ⓗ　　穆赫兰道（Mulholland Drive），洛杉矶

景观路保护（Scenic Drive Protection）

建筑物不应阻挡从悬崖边山路到城市的视线，该路的沿线也不应该看到建筑（视线从路边 1.2 米高算起）。[p.206，图 100c]

BP

§ 2.08

Ⓥ Ⓡ Ⓓ　Ⓕ Ⓗ　　温哥华

城市背景保护（Backdrop Preservation）

三维视线通廊能确保高楼与遥远山体之间的视线联通（结合 § 7.06）。[p.132.202，249，251，254，图 46]

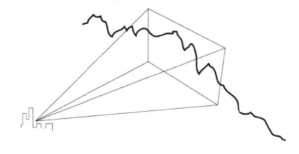

Ⓥ Ⓡ ▣ Ⓕ Ⓗ   费城

威廉雕像在哪里？（Where is William？）

威廉·阿弗努尼（William P. Averuni）站在高处基座上俯瞰着整个城市。没有任何建筑能超越这个地标的高度。[p.228，图 111]

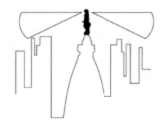

Ⓥ Ⓡ ▣ Ⓕ Ⓗ   伦敦

伦敦视线管理（London View Management）

相邻建筑的高度，不应对教堂的上空部分造成视线干扰。在教堂的视线阴影区内，则可以设置高大的建构筑物。[p.136，249，251，254，图 49-52]

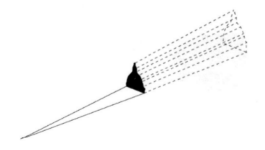

Ⓒ Ⓡ ▣ Ⓕ Ⓗ   温哥华 / 苏黎世

主街上的高楼（Towers at Primary Streets）

大型建筑应设置在宽阔的道路旁。[p.251，254]

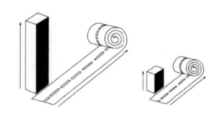

UE

§ 2.12

Ⓜ Ⓐ Ⓓ　Ⓕ Ⓗ　　　西雅图

城市轮廓（Urban Envelope）

三维的城市轮廓确定了一片区域内最大的开发体量。其唯一的依据是区内确定的建筑高度。所有因形态而确定的管控都在该城市轮廓里运作。[p.201，249，252，254，258，图 94]

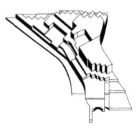

SUL

§ 2.13

Ⓜ Ⓐ Ⓓ Ⓟ　Ⓗ　　　休斯敦

城郊环路（Sub Urban Loop）

环城高速 610 将城市分为城区与郊区。对最小值的管控(如建筑间最小间距 § 6.11，地块最小面积 § 6.02) 在环路以外被放大了。[p.197，图 91]

NSG

§ 2.14

Ⓒ Ⓐ　　　　穆赫兰道，洛杉矶

禁止平整场地（No Site Grading）

自然地形应该被保留。[p.206]

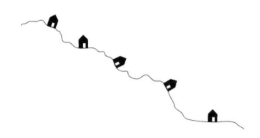

C A D P F H　　纽约

特别区域（Special Districts）

在特定范围内，城市有权因当地的特殊性而制定专属的规章制度，否则就需要取消或修改覆盖全域的规则了。这条规则将由相应的规划作为补充和支持。[p.97，162，199，210，216，252，图93]

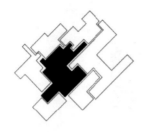

C R D H　　温哥华

向岸线逐级降低（Taper Down to Shoreline）

越靠近水边，可允许建设的高度就越低。[p.133，134]

C R D F H　　纽约

绅士协议（Gentlemen's Agreement）

存在着这么一个协议，比联合国秘书处大厦更高的建筑，需与它保持合适的距离。对高于38层联合国大厦的建筑物来说，事实上也是如此。[p.223]

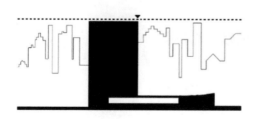

SWS
§ 3.04

Ⓐ Ⓡ Ⓓ　Ⓕ Ⓗ　　旧金山

天际墙综合征（Skyline Wall Syndrome）

同一时期由投机催生的高层建筑，有着类似的外观和尺度。一旦这些高楼紧密地矗立在一起，便形成了同质化的建筑墙。规划主管部门的任务是采取恰当的措施抵制这种趋势。[p.131，251，252，图 45]

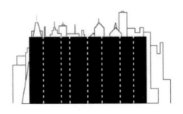

BOB
§ 3.05

Ⓒ Ⓡ Ⓓ　　Ⓗ　　纽约

开发热潮（Boom Behavior）

最高的建筑物往往是在经济繁荣的末期建造的。通常，这会导致未来的几年里，办公场所过剩。城市有权对此迅速采取措施。[p.90]

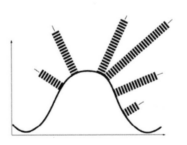

DQ
§ 3.06

Ⓜ Ⓐ Ⓓ　　Ⓗ　　旧金山的提案 M

开发配额（Development Quota）

在中央商务区，每年最多只能建造 44000 平方米的办公建筑。[p.128]

475,000 SQFT/YEAR

Ⓜ Ⓐ Ⓓ   Ⓗ   西雅图

高度范围（Height Range）

在未来 8 年里，将共有 55 个高层建筑项目获得批准，必须对它们进行高度分类。不小于 25 米的则被视为高层建筑。[p.202，252，图 95]

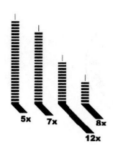

Ⓗ Ⓐ   Ⓟ   纽约

用途组别（Use Groups）

对土地的用途进行分类，并根据地理位置再细分为分区。区域由此而成。基本的用途分类包括居住、商业、工业。共有 18 个用途组别。[p.85，246，249，252，图 13]

Ⓒ Ⓐ Ⓓ Ⓟ Ⓕ Ⓗ   威尔夏林荫大道（Wilshire Boulevard），洛杉矶

过渡带区划（Transition Zoning）

适用于分区边界的特殊规定（§ 3.08）。[p.213]

AC
§ 3.10

H A P　　　　苏活区（SoHo），纽约

艺术家认证（Artists Certification）

只有被认证的艺术家才可以在艺术街区居住。[p.220]

CAN
§ 3.11

C R D　　　H　　纽约

峡谷状的地价高峰（Canyoning Land Value Peaks）

地块价格因区位而产生巨大的差异。通常最高价格与普通价格的地块间仅相隔几米。城市有权采取控制措施消除这种现象。[p.96，图 20]

DCM
§ 3.12

A R D　F H　　旧金山

市中心的城堡壕沟（Downtown's Castle Moat）

紧挨着金融区的社区，其密度通常是全市最低的。[—]

CR P　　　　　简·雅各布斯（Jane Jacobs）　　　　　MFS
§ 4.01

功能多样的街道（Multi Function Streets）

街道或街区拥有多个主要功能。[p.67]

CAD F　　　　　简·雅各布斯　　　　　SHB
§ 4.02

小尺度街区（Short Blocks）

街区长度要短。[p.197，图 90]

CRDPFHS　　　　　简·雅各布斯　　　　　DIM
§ 4.03

差异最大化（Difference Max）

每条街道，建筑应通过各自的年代、状况及用途形成差异。[p.67，254]

AAH
§ 4.04

🅐🅐 🅟 　　　　　美国公路沿线

认养公路（Adopt a Highway）

普通市民、小商店和机构都可以在道路沿线设置广告牌，条件是他们愿意维护、清扫这些地段，并移除这里的垃圾。[p.118，图 38]

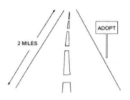

QSV
§ 4.05

🅐🅐🅓 🅕🅗🅢 　旧金山

街景特色（Quality of Street Views）

借助区位、地形、建筑等优势，某些街道拥有独特的景观特色。它们应该受到特殊的保护。街景特色地图明确表达了需要保护的对视关系和景观特色。[p.128，252，256，图 43]

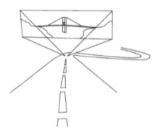

DM
§ 4.06

🅐🅐 🅕 🅢 　穆赫兰道，洛杉矶

穆赫兰的土路（Dirt Mulholland）

坑洼的道路给使用者带来最深刻的体验。[p.209]

Ⓒ Ⓐ Ⓓ Ⓟ Ⓕ Ⓗ　　　西雅图

步行街（Pedestrian Streets）

以步行为主的街道被划分为一级、二级及绿色街道。邻近的建筑如果能提升这些街道的质量，则可因此获得奖励。不同分类的街道有不同的要求。[p.202，220，254，图 96-97]

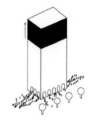

Ⓐ Ⓡ　　Ⓟ Ⓕ　　Ⓢ　　西雅图

立面透明度（Façade Transparency）

一级步行街至少 60% 的临街界面要保持视线通透，不透明的立面不能超过 4.6 米。而二级步行街至少 30% 的临街界面要保持视线通透，不透明的立面不能超过 9.1 米。[p.204]

Ⓒ Ⓐ　　Ⓟ　　　曼哈顿中城，纽约／旧金山

零售界面的连续性（Retail Frontage Continuity）

首层分区必须形成跨街区的零售商业街。[p.220，图 104a]

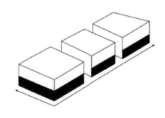

SFD
§ 4.10

Ⓒ Ⓡ　Ⓟ Ⓕ　　　　西雅图

店面多样性（Shop Front Diversity）

由小店铺组成的商业街，单独的店面长度不能超过相邻店面平均长度的 1.5 倍。[图 104b]

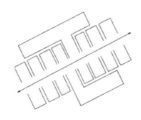

SWC
§ 4.11

Ⓒ Ⓐ Ⓓ　Ⓕ　　　　纽约

街墙的连续性（Street Wall Continuity）

面向街道，建筑应紧贴地块边线建设。这赋予街道连续的街景界面。[p.186，220，图 84]

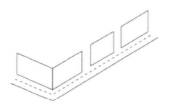

SWL
§ 4.12

Ⓜ Ⓐ Ⓓ　Ⓕ　　　R4 居住区，纽约

街墙长度（Street Wall Length）

建筑立面的最大长度为 56 米。[p.67，图 3]

Ⓡ Ⓡ Ⓓ　Ⓕ Ⓗ　　纽约

建筑退台街道比（Setback Street Ratio）

当建筑超过一定的高度，该部分体量的退缩距离应该是原来的2倍、1.5倍，或与街道宽度一样（具体比例取决于此区域或分区的规定：§3.01，§3.08）。这样既创造了围合感，又避免形成峡谷般的压抑。[p.83，107，158，175，218，254，图63]

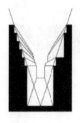

Ⓜ Ⓐ Ⓓ　Ⓕ　　休斯敦

街道宽度（Street Width）

街道的理想宽度至少为30米。[p.196]

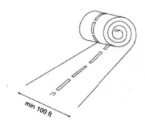

min 100 ft

Ⓒ Ⓡ　　　总体原则

稳定性（Robustness）

从长远来看，街道比地块更稳定，而地块则比建筑更稳定。这种稳定性决定了不同要素的层级。[p.196，246]

NH
§ 5.01

⊙ A   总体原则

邻居（Neighbor）

邻居指的是直接位于地块边缘的任何人或者物。该定义在被新定义取代前始终有效。[p.145]

VSR
§ 5.02

⊙ R D P F H S   纽约

地块的独立性原则（Virgin Site Rule）

街道网格切断了相邻地块之间的联系。这种独立性将持续下去，直到有新法规促进邻近地块间的相互依存为止。[p.100]

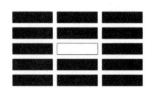

106
§ 5.03

H R   P F   伦敦

106 协议（Section 106 Agreements）

住宅开发项目若超过一定的规模，通常是 15 套住宅（具体数值各地方部门不同），则必须提供一定比例的经济适用房。[p.163]

C R D ⬢ **F H S** 凯文·林奇（Kevin Lynch）

LMI

§ 5.04

地标与标志（Landmarks and Icons）

建筑的标志性是通过与周边环境的对比（如与邻居对比：§5.01）及由自身的鲜明形态决定的。政府可以鼓励某些项目变得更加凸显，或者变得平庸。这取决于不同的战略意图。[p.228，256]

M A D ⬢ **H** 伦敦

MS

§ 5.05

都会区的约束（Metropolitan Sanction）

公共建筑允许超过一般建筑的高度限制，最高可建设 30 米。[p.106]

M A D ⬢ **H** 芝加哥

FC

§ 5.06

建筑限高（Flat Cap）

建筑限高为 11 米，除非有特殊情况（如 § 4.07，§ 5.14，§ 7.01-4）。[p.90，图18]

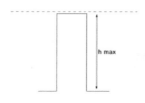

HDM
§ 5.07

Ⓒ Ⓡ Ⓓ   Ⓗ   穆赫兰道，洛杉矶

建筑高差的最大值（Height Difference Max）

非常鼓励建筑间的高度变化，但是相邻建筑的高差过大会打破地区空间的连贯性。因此，相邻建筑的高差不能超过它们总建筑高度的50%。[p.209，256，图 100f]

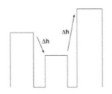

2H
§ 5.08

Ⓡ Ⓡ Ⓓ Ⓟ Ⓕ Ⓗ   苏黎世

2 小时阴影（2h Shadow）

高层建筑的阴影覆盖在临近住宅建筑的时间，每天不得超过 2 小时（见高层建筑的定义 §7.01-2）。[p.149，191，251，252，256，258，260，图 58]

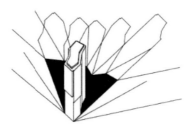

NC
§ 5.09

Ⓐ Ⓡ Ⓓ Ⓟ Ⓕ Ⓗ Ⓢ   穆赫兰道，洛杉矶

邻里相融（Neighborhood Compatibility）

新建建筑在形态、功能及环境上必须与周边 30 米半径内的相邻建筑相协调。相邻建筑的概念见 § 5.01 的定义，或依据特殊区域内的规定，如 § 3.01。[p.209，220，252，254，图 100g]

Ⓡ🄡Ⓓ🄟🄕🄗 新墨西哥

太阳能收集（Solar Access）

拥有太阳能设施的人，应能享受设施所在地的日照畅通的权利。[p.152]

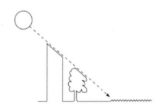

Ⓡ🄡Ⓓ🄟🄕🄗 伦敦

古老的日照原则（Ancient Lights Doctrine）

如果透过窗户的阳光已经存在 20 年甚至更久，那么房东可以继续保留这个权利。[p.151，256]

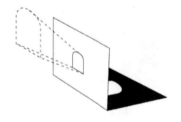

Ⓐ🄡 🄟 Ⓢ 肯莫尔，布法罗

庭院维护（Yard Maintenance）

私人花园的植物不能对邻居造成干扰。景观上也必须与周边花园保持一致。[p.114]

HH

§ 5.13

C R　**F H**　　圣莫尼卡

树篱高度（Hedge Height）

一个简单的树篱有四种理想的高度。第一，业主的需求；第二，邻居的判断；第三，市政当局的要求；第四，树篱自身的生长需要。[p.146，图 57]

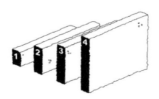

TDR

§ 5.14

C R D　**H**　　纽约

开发权转移（Transfer of Development Rights）

如果一个地块尚未开发到最大允许的高度，那么业主可以将这部分潜力永久地出售给邻近的地块。如果邻近地块都已建设至最高高度，城市行政当局可以把临近范围再扩大，以确保开发权可以继续转移。这会出现在特别划定的区域内（§3.01）。[p.143,160,225，图 65]

VIS

§ 5.15

A R　**F H S**　　穆赫兰道，洛杉矶

视线研究（Visibility Study）

新建筑的视觉景观极其重要，需在其 1200 米的半径范围内进行视线评估。[p.206，图 100b]

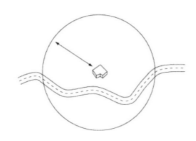

A **R**　　**F** **H** **S**　　旧金山

OD

§ 5.16

绘图抵制（Opposition Drawing）

假如对某新建筑方案表示反对，需要绘图解释该方案所造成的负面影响。否则反对意见将不被受理。[p.124，252]

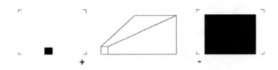

§ 6 地块 / 街区规则

M **A** **D**　　**F**　　　纽约

BW

§ 6.01

街区宽度（Block Width）

一个街区的边界受街道、公共空间、公园等的限制。[—]

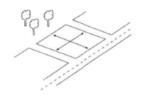

M **A** **D** **P**　　　休斯敦 / 洛杉矶

LS

§ 6.02

地块面积要求（Lot Size Requirements）

一座独栋住宅建筑的最小地块面积是 465 平方米。[p.191，196，210，246]

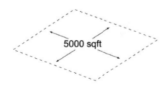

COS
§ 6.03

Ⓜ Ⓡ Ⓓ　Ⓕ　　　休斯敦

开敞空间补偿（Compensating Open Space）

地块面积可以小于官方要求的最小面积，条件是该地块保留一块一定大小的开敞空间进行补偿。[p.197]

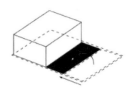

FYD
§ 6.04

Ⓜ Ⓐ Ⓓ　Ⓕ　　　R1-1 居住区，纽约

前院深度（Front Yard Depth）

前院的深度至少为 6 米。[p.67，图 3]

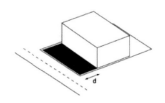

RYD
§ 6.05

Ⓜ Ⓐ Ⓓ　Ⓕ　　　R2 居住区，纽约

后院深度（Rear Yard Depth）

前后院的深度至少为 6 米。[p.67，图 3]

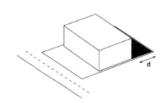

Ⓜ Ⓡ Ⓓ Ⓟ　　　埃比尼泽·霍华德，
　　　　　　　　　　田园城市

圈养率（Fodder Ratio）

花园必须具有足够的面积，使业主能通过劳作为自己提供足够的食物。[p.191]

FOR
§6.06

Ⓒ Ⓐ 　 Ⓟ　　　　　纽约

地块组合（Lot Assembly）

多个地块组合成单一地块，其价值远高于这些独立地块的价值总和。[p.143，图55]

LA
§6.07

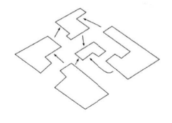

Ⓜ Ⓐ Ⓓ 　 Ⓕ　　　R2 居住区，纽约

地块宽度（Lot Width）

为保护低密度的社区特征，最小地块面宽是 12 米。不同的分区有各自的规定。
[p.67，图 3]

LW
§6.08

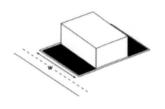

OSR

§ 6.09

Ⓜ Ⓡ Ⓓ　Ⓕ　　　　R6 居住区，纽约

开敞空间比率（Open Space Ratio）

特定分区上不参与建设的开敞空间面积与分区总建筑面积间的比率。每个分区的开敞空间比率至少达到 20%。[一]

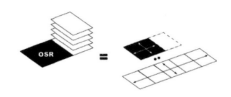

LC

§ 6.10

Ⓜ Ⓐ Ⓓ　Ⓕ　　　　R3-1 居住区，纽约

地块覆盖率（Lot Coverage）

建筑物最多可覆盖其用地面积的 35%。不同的分区有各自的规定。[p.67，图 3]

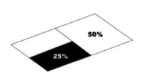

BD

§ 6.11

Ⓜ Ⓐ Ⓓ　Ⓕ　　　　R3X 居住区，纽约

建筑间距（Building Distance）

建筑间的最小距离是 2.4 米。[p.67，图 3]

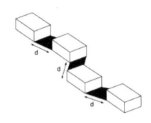

Ⓜ Ⓐ Ⓓ　Ⓕ　　　　R3-1 居住区，纽约

侧院宽度（Side Yard Width）

建筑两侧花园带的宽度总共为 4 米，每侧的宽度至少为 1.5 米。[p.67，图 3]

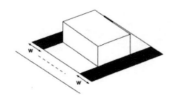

Ⓐ Ⓐ　Ⓕ　Ⓢ　　　　R6 居住区，纽约

绿色开敞空间（Planted Open Areas）

街墙和地块边界之间的所有开敞空间都应进行景观种植。[一]

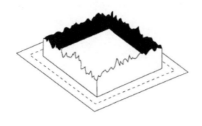

Ⓐ Ⓡ Ⓓ　Ⓕ Ⓗ Ⓢ　　穆赫兰道，洛杉矶

景观屏风（Landscape Screening）

在受保护的自然区域，建筑物的可见部分应有植被覆盖。[p.209，图 100e]

JFO
§ 6.15

A A　　F　S　　门茨镇，拜伦港

废品场围墙法令（Junkyard Fence Order）

废品回收场应设置围墙来遮挡视线。[p.113，图 31]

§7 建筑规则

FAR
§ 7.01-1

M R D P F H　　纽约

容积率（Floor Area Ratio）

建筑物所有楼层的总面积与用地面积之间的最大比率，取决于该建筑物所在的分区。分区通过图纸能表达得更加精确。但容许建设的最大面积，同时也可能受其他法规限制（如 §7.01-4）。[p.67，69，175，183，218，图 3，74]

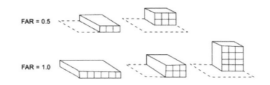

LH
§ 7.01-2

M A D　　H　　瑞士 / 德国

最矮的高层建筑（Lowest Highrise）

成为高层建筑至少要有 25 米高。[p.149]

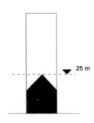

Ⓜ Ⓡ Ⓓ   Ⓗ   巴黎   **5SP**
§ 7.01-3

巴黎的 5 层楼规则（5-Story Rule of Paris）

建筑物的高度不能超过居民和使用者爬楼梯的习惯高度。对于没有电梯的建筑物，这一阈值是 5 层楼高。[p.106]

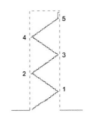

Ⓜ Ⓡ Ⓓ Ⓟ Ⓕ Ⓗ   纽约 / 西雅图   **PB**
§ 7.01-4

广场奖励（Plaza Bonus）

作为提供某些公共设施的交换条件，建筑可以在某些情况下突破原规定的上限（最大建筑高度、容积率等）。因提供不同设施所能获取的奖励水平，由政府制定目录作出规定。[p.98，176，183，190，202，225，230，图 75]

Ⓒ Ⓡ Ⓓ   Ⓕ Ⓗ   圣吉米尼亚诺 / 纽约   **EEH**
§ 7.01-5

工程高度（Engineering Height）

建筑安装结构的高度，由当前的建筑施工知识所限（已失效：建议重新制定本规则）[p.88，图 14]

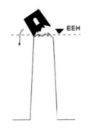

EH
§7.01-6

C R D P F H　　　　纽约 / 芝加哥

经济高度（Economic Height）

从某一高度开始，建筑会遭遇回报递减定律，即额外楼层的销售不再能支付建造和维护的费用。在确定有效的高度限制时，应考虑这一经济因素。[p.89，132，184，237，图 81-83]

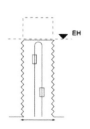

SB
§7.02-1

M A D　F H　　　　R2 居住区，纽约 / 巴黎

建筑退缩（Set Back）

从一定高度开始，建筑的体量应该收缩，形成屋檐高度。[p.83，106，111，252，254，图 12]

PWH
§7.02-2

M A D　F H　　　　R2A 居住区，纽约

外墙高度（Perimeter Wall Height）

在退台建筑前的垂直外墙，最高可为 6.4 米。[p.67，图 3]

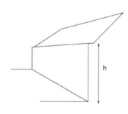

Ⓜ Ⓐ Ⓓ　Ⓕ Ⓗ　　　　R6 居住区，纽约

BAH
§ 7.02-3

基座高度（Base Height）

当建筑基座以上的体量进行退缩时，基座正立面的最大高度为 11 米。[图 12]

Ⓒ Ⓡ Ⓓ　Ⓕ Ⓗ　　　　纽约

CB
§ 7.02-4

响应文脉（Contextual Base）

所有建筑应有一致的屋檐高度。在这方面，新建筑必须参考邻近的建筑物。[p.220，图 12]

Ⓡ Ⓡ Ⓓ　Ⓕ Ⓗ　　　　纽约

DEC
§ 7.02-5

日光评估图（Daylight Evaluation Chart）

"日光评估图"测量并调节建筑物在街道上的阴影。[p.155，251，252，图 62]

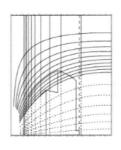

SEP
§ 7.02-6

Ⓡ Ⓐ Ⓓ　Ⓕ Ⓗ　　纽约

天空曝光面（Sky Exposure Plane）

天空曝光面是一个虚拟的表面，从分区的边界向内倾斜，并从一定的高度开始计算。每个区域的梯度各异，只有在一定条件下才会出现间断。这使得光线和空气可以进入街道。[p.149，183，232，252，图 12]

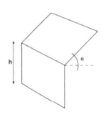

BB
§ 7.02-7

Ⓜ Ⓐ Ⓓ　Ⓕ Ⓗ　　柏林

22 米柏林街区（22m Berlin Block）

城市条例规定，除特殊情况外，街区内庭院的屋檐高度为 22 米。[p.106，图 28]

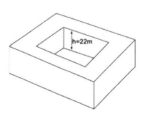

DTE
§ 7.02-8

Ⓜ Ⓡ Ⓓ　Ⓕ Ⓗ　　R10 居住区，纽约

贴近地面（Down to Earth）

建筑物在其高度 46 米以下的部分，至少占该建筑物体量的 55%。[p.252，图 12]

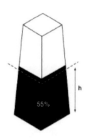

Ⓐ Ⓡ ⒟　Ⓕ ⒣　　　　穆赫兰道，洛杉矶

不突破天际线（No Skylighting）

从街上看天空，建筑物的轮廓应该是不显眼的。[p.206]

Ⓐ Ⓐ ⒟ Ⓟ Ⓕ ⒣ Ⓢ　　纽约

填充（Shoehorning）

只要没有达到最大允许的场地利用率，并且没有受到地标保护条例的约束，现有的建筑物之上可以继续加高。[p.141]

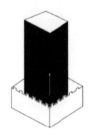

Ⓜ Ⓐ ⒟　　Ⓕ　　Ⓢ　　魏森霍夫西德隆（Weissenhofsiedlung），斯图加特

平顶（Flat Roof）

所有的屋顶都应该是平的。[p.106]

SP
§ 7.02-12

Ⓐ Ⓡ Ⓓ　Ⓕ Ⓗ　　　穆赫兰道，洛杉矶

跌台的轮廓（Stepped Profile）

坡场：所有建筑物的体量和屋顶均应遵循场地的斜率。[p.206，图 100a]

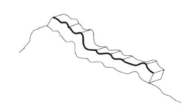

BBK
§ 7.02-13

Ⓜ Ⓐ Ⓓ　Ⓕ　　　旧金山

建筑体量（Building Bulk）

建筑首层平面对角线的最大长度是其侧边线的 1.45 倍，这限制了它的水平延伸。因此可以避免高层建筑中的楼板效应。[p.128，251，252，258，图 42]

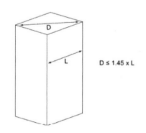

NLD
§ 7.02-14

Ⓡ Ⓡ Ⓓ Ⓟ Ⓕ　　　纽约

办公室自然采光深度（Naturally Lit Office Depth）

办公室不能太深，否则不能被自然光照亮。[p.169，图 69]

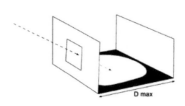

R R D P F 伦敦

天空系数（Sky Factor）

从房间内的某个位置透过窗户往外看，如果总视野的 0.2% 是天空，那么房间的这个位置就可以被自然光充分照亮。[p.153，图 60]

M R D F H 纽约

大体块的建筑（Bulky Block Type）

经济压力迫使地块的利用率直逼法定的边界。这些边界决定了建筑的形态。虽然有许多限制，但如果建筑难以实现理想的外观，则该城市有权增加规则，以确定其体量的比例和形状，但是保持其利用率不变。[p.170，222，240，图 70]

M A D F R2 居住区，纽约

私家车道宽度（Driveway Width）

车库前的私家车道宽度至少为 5.5 米。[p.67，图 3]

CCS
§7.03-2

Ⓜ Ⓐ Ⓓ　Ⓕ　　　　R4 居住区，纽约

路缘石切口间距（Curb Cut Spacing）

路缘石切口的间距至少为 4.9 米。该值对私家车道的位置是有影响的。[p.67，图 3]

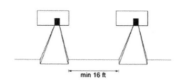

VA
§7.03-3

Ⓜ Ⓡ Ⓓ Ⓟ Ⓕ Ⓗ　　　纽约

垂直组装（Vertical Assembly）

一对在功能上明显不同的建筑物不但可以并排站立，而且可以彼此叠放安置。[p.232，图 114]

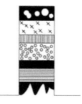

OZ
§7.03-4

Ⓒ Ⓡ　Ⓟ　　　　C1 叠加区，纽约

叠加区域（Overlay Zones）

在混合用途开发中，住宅用途应始终放置在商业用途之上。[p.213，图 102]

C **R** **D** **P**　　　洛杉矶 / 休斯敦　　　　　　　　　　　　　　**PR**
§ 7.03-5

停车规定（Parking Requirements）

平均每个卧室必须有 1.33 个停车位。[p.193，196，图 89]

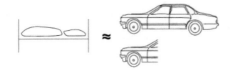

H **A**　**P**　　　旧金山　　　　　　　　　　　　　　　　　　**LL**
§ 7.03-6

洗衣店法令（Laundry Law）

为了防火起见，洗衣房应该使用石头建造，而不应该用木头。[p.69，190]

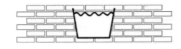

A **A** **D**　**F** **H** **S**　　　圣巴巴拉　　　　　　　　　　　　**CMO**
§ 7.04-1

城市美化（City Make Over）

1929 年以后建造的所有建筑，都必须遵循西班牙殖民风格的美学思想。[p.103，图 112]

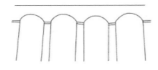

ARL
§7.04-2

Ⓐ Ⓡ　　Ⓕ Ⓗ Ⓢ　　旧金山

防止冰箱似的外观（Anti Refrigerator Look）

高层建筑顶部的特殊设计，可以产生更具视觉吸引力和多样性的天际线。[p.128，图44]

VL
§7.04-3

Ⓐ Ⓡ　　Ⓟ Ⓕ　　Ⓢ　　拉斯韦加斯

韦加斯的灯饰（Vegas' Lighting）

赌场正立面至少要有 75% 的面积用荧光灯广告覆盖。[p.118，图33-37]

CW
§7.04-4

Ⓐ Ⓡ　　　　Ⓢ　　穆赫兰道，洛杉矶

色轮（Color Wheel）

在特殊自然保护区内的建筑物，建筑及其外部构筑物的颜色必须与周围自然环境的季节性颜色相适应。[p.106，209，图100d]

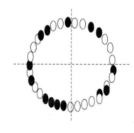

Ⓐ Ⓐ　　Ⓢ　**魏森霍夫西德隆，斯图加特**

色彩规定（Color Stipulation）

所有的外立面都应该是白色的。[p.106]

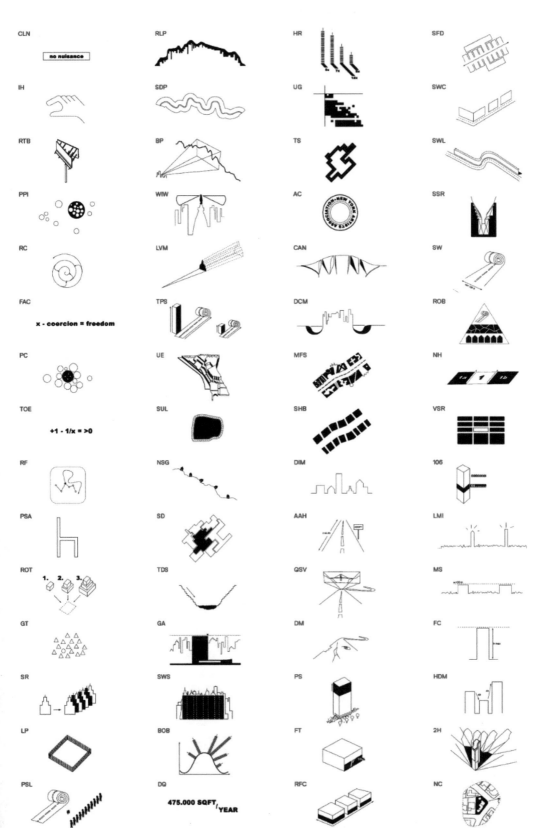

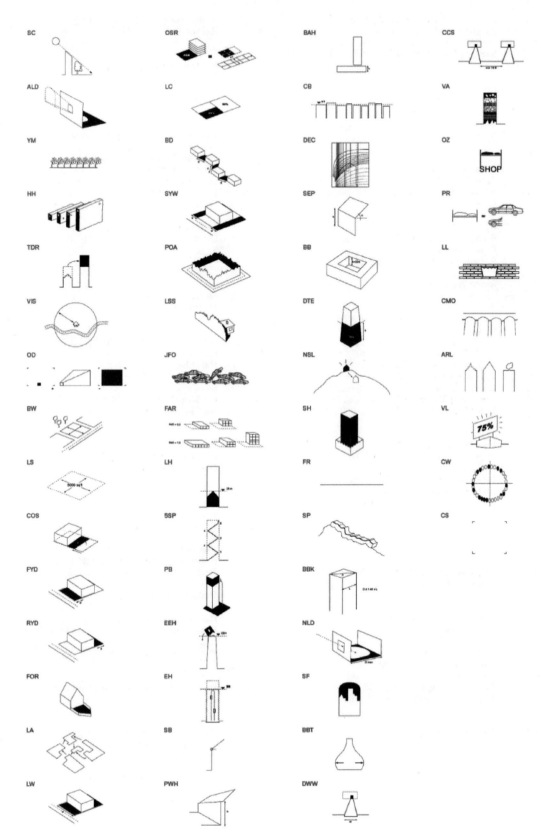

SC

ALD

YM

HH

TDR

VIS

OD

BW

LS

COS

FYD

RYD

FOR

LA

LW

OSR

LC

BD

SYW

POA

LSS

JFO

FAR

LH

5SP

PB

EEH

EH

SB

PWH

BAH

CB

DEC

SEP

BB

DTE

NSL

SH

FR

SP

BBK

NLD

SF

BBT

DWW

CCS

VA

OZ

SHOP

PR

LL

CMO

ARL

VL

75%

CW

CS

中国香港 [p.132]

柏林 [p.105]

斯图加特 [p.105]

苏黎世 [p.126, 149, 246, 251]

圣吉米尼亚诺 [p.88]

罗马 [p.198]

意大利 [p.62]

法兰克福 [p.94]

鹿特丹 [p.249]

伦敦
[p.104, 136, 149, 254]

大不列颠 [p.163, 191, 256]

巴黎 [p.105]

斯德哥尔摩 [p.244]

阿弗罗别尼 (41°N, 54°W) [p.260]

纽约 [p.74, 80, 88, 89, 94, 95, 98, 137, 148, 153, 160, 167, 186, 216, 220, 222, 223, 229, 231, 236]

费城 [p.227]

百慕达州 [p.115]

拜伦港 [p.133]

马萨诸塞州 [p.227]

波士顿 [p.115]

柏瑞伊克 [p.227]

华盛顿 [p.115]

芝加哥 [p.94, 95, 95, 111, 227]

布法罗 [p.114]

欧几里得大道 [p.83]

乡村 [p.79]

圣路易斯 [p.115]

亚特兰大 [p.96]

拉斯韦加斯 [p.117]

温哥华 [p.152]

西雅图 [p.200]

旧金山
[p.104, 124, 126, 132, 190]

美国 [p.118, 148, 149, 213]

休斯敦 [p.195]

圣巴巴拉 [p.103]

圣莫尼卡 [p.146]

洛杉矶
[p.192, 204, 210, 227]

第 1 章

作为工具的规则——判断喜恶的标准

有的书记载着宏伟的城市，有的书描述着壮丽的街道……也有的书刻画着杰出的建筑。而此刻在您手中的，是一本讲述伟大规则的书。

本书论述了 115 条规则。这些规则的作者、设计者、创立者，皆声名显著。他们誉满全球：香港、芝加哥、柏林、纽约、伦敦……

这些城市都值得以专著记载——而事实上，关于它们的研究报告不在少数。源于相类似的动力，它们建立了相关的规则机制——以影响、保护，甚至扭转各自的命运。它们有一个共同的理念：定期进行规则的交流，通过相互学习解决类似的问题。然而，因在实践中取得成就的差异，城市间仍存在明显的差别。这些规则的创造者不乏无畏精神，他们毫不畏惧地进行自我探索——即便这对他们自身造成了极大的伤害，最后被相关部门要求制定较为缓和的规则，并进行反复的修订。而有些城市则只采用在其他地方成功实践过的规则。同时，我们的城市都认为，通过引导私人开发可维护总体的公共利益。

这刻画出建筑师和城市设计者的特征，而本书亦是为他们而写的。城市设计事业——即基于公私利益博弈形成的各种设计愿景的融合——其要义绝不止于单纯的规划制定，而更多地指向城市的审慎定位。

通过周密的规划表达愿景，一直被视为设计师的核心任务。而应对城市规则，则是建筑师长期以来的培养目标。我们对规则保持着谨慎的坚持，甚至有时候会起草一些规则。但更多时候，我们将制定规划的要务留给地方建设部门、行政管理者、律师及经济学家。

尽管如此，我们作为城市、城市演变、城市形态的专业爱好者，仍不得不承认规则对建成环境塑造的突出作用。与此同时，我们坚定地把设计的方法论扩大到规则领域。通过整合，在众多规划和设计工具中，规则具有独特的功效。规则使特定地段和规划主要参与者的自主权得到准确量化。这些自主权对城市的即兴品质有决定性作用，如城市多样性、差异性和活力等。再者，有意识地下放自主权，可赋予规划一定的可持续性和永久性，以面对未来的不确定性。最后，规则是指引设计工作开展的有用工具，同时也是其评判标准。

尽管规则是一种准确而明晰的工具，但它们也能提供多样的现实可能性。对于规则，现实中并没有明确的学科或定位，只有场地的周边关系，这为规则的制定提供了更多的规则。在这种情况下，城市的整体成为规则的边界。各种建筑规范则构成一部毋庸置疑的规则，它没有过去时态，并能随时更新。

它们的故事是城市的真实写照。与此同时，它们充满了追求不朽丰碑的激情。这些故事惊人地相似：充满着负面事件、争议不断、以公共利益的名义谋取私利，或与之恰恰相反。

尽管规则只作用于当前事物，但它们可以修正和改变那些根植历史、面向未来的持续性事件。这种改变是决定性的（通常伴随着历史记载），使城市具有连续性和可靠性。在城市快速演变的进程中，规则构建了一种恒久不变的现实。

规则无处不在——它们是一种不可或缺的存在。它们如迷雾般弥漫在建成环境与未建成环境的上空。它们的踪迹散落在即便是街道亦不能触及的地方。它们支配着天，统治着地。作为一种抽象的非物质的城市基础设施，它们成为联系建（构）筑物、地块及土地利用功能的纽带。它们联系着物质形态与城市社会，把城市里数量和质量隐含的特征显露出来。规则是一种既普适又独立的工具，它们创造着既近乎诗意又标准化的非完全理性的结果。

规则虽不代表行动，但却持续生效。产生实效的并非规则本身，而是那些坚持贯彻规则的人。由于这种固有的被动性，规则一开始就存在于城市塑型、转型讨论的背景中。

依然：城市是一个神经系统。它们的自律无处不在，不管源于现实还是规范（不论是否可改变），至少像街道、建筑、建筑师等个体和要素一样，决定了我们的建成形态。

法律假定：是律师、政客、行政官员、社会学家等人的讨论形式，属于行政管理机制，但法律本身并非其最终目标。

本书是为那些身为城市设计者，并自愿承担起颠覆性公共服务的建筑师而写的。

这是一项针对建筑及建成环境的研究：建筑如何应对其内外压力？它们之间通过何种互动形成（必要的）社区？

这里提出了一个有关复兴的议题：规则如何与麻木的行政体系脱钩，与僵化的建筑条例和法律脱钩，并把规则转换成积极而有力的设计与指引工具，为基于实施、具体项目的城市设计服务。

规则为传统规划提供了替代性或拓展性方案的设计原则。它们使设计控制手段具有可调节性——既保障了有规律的集体确定性，又唤醒了个体责任感。

这种可调节性是城市多样性、公众参与度、城市活力产生的重要先决条件之一，尤其是对于那些获得长期成功的城市设计。在这里，传统的设计技术掺杂着政治手段。

欢迎大家！我们将前往以规则主导建成环境的名胜之地！在那里，规则是主角，我们会看到百科全书般的全景。

这是 115 条规则的清单［全部涵盖于《阿弗努尼条例》（*The Code of Averuni*）］，每一条规则都是其他规则的形成背景。尺度只是这些规则的分类方法之一。当然，我们还可以用以下方法分类：a）是否只在一年内有效，b）是否允许多种可能性存在，c）是否具有规律性，d）是否对少数族裔不公平，e）是否以美学为评判标准，f）是否设定最高门槛，g）是否为引进的，h）是否时常被打破，i）是否还未成熟，j）是否是除休斯敦外的所有北美城市皆实施的，k）是否从未被正式记载过，l）是否于 1961 年被采用的，m）是否关注通风和采光，n）是否关注商业，o）是否有磋商余地，p）是否只在特定区域使用，q）是否其动机不如以前明显，r）是否至今依然有效。[1] 至少，从各地搜集回来的规则，以及各种分类的尝试，只能被看作对规则的收集，而非规则的使用指引。这些规则代表了人类对城市命运指引的努力。它们反映了城市的创造力，积极努力地引导自身的形态和特色。

这 115 条规则并非一套成形的城市设计指南。它们是一系列的方法论，而非通用工具。以规则作为指引的方法值得推广，但非这些规则本身。这些规则皆是高度专业化的，而且是为某个具体区位量身定制的。它们创造性地解决了，有时候却是引发了特定的城市问题。

这个规则清单表明了它们尝试指导的地区的多样性、标准的丰富性，以及类型的广泛性。下面将基于特定的背景论述这些规则，大家可以从中借鉴如何建立基于规则的城市设计。

尽管如此，在一个地方运作良好的规则，并不能保证在另一个地方也完全适用，这一点在过去往往被地方政府所忽视。许多美国城市不断从其他城市的规则制定中汲取灵感——尤其是 1916 年的纽约市及其整套基于规则的指引体系。在许多地方，纽约市的做法被视为解决城市问题的灵丹妙药：在纽约市大部分地区推行的区划法——美国首次推行——于 1916 年后被北美部分城市简单复制。这是纽约对解决其大都市问题的尝试。许多城市也面临同样的问题。

1　In imitation of a certain Chinese encyclopedia mentioned in Jorge Luis Borges（1966），'Die Analytische Sprache John Wilkins'，citied from Michel Foucault(1971)，*Die Ordnung der Dinge—Eine Archäologie der Humanwissenschaften*, 17.

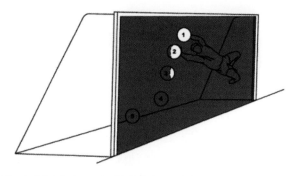

图1 根据国际足球联合会（FIFA）制定的足球规则的计分方法：1—3 不得分，4—5 得分

主要是不同使用功能间的相互影响，引发了个体冲突，并很快成为公共问题。面对这种普遍性问题，许多城市都复制了同一种解决方法：就连纽约区划法中的印刷错误，也被带到许多北美城市中。这种机械化的规则复制是一种谬误：把特定的规则看成通用的灵丹妙药。

表面的坏名声

规则的名声并不好。建筑师对规则尤为厌恶。以建筑律例形式存在的规则常被视为决定性因素，除了限制艺术创造性外一无是处。路易斯·沙利文（Louis Sullivan）曾警示我们："规则是很可怕的。它们意味着真正艺术的终结。然而令人感到欣慰的是，它们也可能是个人风格形成的标志。一种艺术的原则的保留，会使它变得越来越干枯、死板，最终永远消失。"[2] 1937 年，勒·柯布西耶（Le Corbusier）讽刺纽约的过度控制："法国的精神除了在低迷和僵化时期外，一直是不遵循法则的。如今，一个新世界在技术奇迹中崛起，光明城市（the City of Lights）的官员们也在运用规则。但很快，城市里将不再有光明。"[3]

凯文·林奇（Kevin Lynch）从总体的、社会的角度区分城市规划、规则和设计："仅仅在用途、密度、交通领域，即使不该发生，但控制已广泛存在。当控制的领域拓展到视觉形态时，遭到的质疑会更大。控制是与积极设计手法相对立的、消极的和负面的手法。

2　Louis H. Sullivan and Claude Fayette Bragdon (1934), Kindergarten *Chats on Architecture, Education and Democracy*, 139.

3　Le Corbusier (1964), When the Cathedrals Were White, 20. Quoted by John J. Costonis (1989), *Icons and Aliens: Law, Aesthetics, and Environmental Change,* 114.

它们扼杀创新，限制了个人自由。"[4]

与此同时，在游戏和体育竞技的范畴内，规则被人们完全信任和接受，甚至被认为是确保游戏兴奋度的前提条件。难怪国际足球联合会（FIFA）要以 139 页的条文全方位解释 17 条正式足球游戏规则。[5] 作为当代最受欢迎的体育运动，反对对其过度监管是可以理解的。但是，城市设计并非体育竞技。

然而（虽尚未对建筑规范和体育规则作详尽对比），我们仍可认为规则有正负两面作用，可能产生或阻碍行动的自由。

尝试着抽象

[参与者（Actor）]
帕拉第奥和规则

[地点（Location）]
意大利

规则不属于任何特定的学科。以抽象的思维来看，规则起始的目的是为了简单地描述一种关系。它可能源于特定的规律、经验或知识，然后以协议形式来确定。

在此背景下，美国的两位建筑历史学家乔治·荷西（George Hersey）和理查德·弗里德曼（Richard Freedman）在其著作《可能的帕拉第奥别墅——以及一些具有指导意义的不可能之作》（*Possible Palladian Villa—Plus a Few Instructively Impossible Ones*）中提到了有趣的发现。在 1992 年，他们尝试揭示帕拉第奥（Palladio）作品背后的法则，即以确定的规则对他设计的别墅的建筑组织、比例和形态进行描述。他们采用了非常精确的手段，开发了一个以规则为基础、能合成新的（数量众多的）不同形式的帕拉第奥别墅的电脑程序。由此提出了一系列问题：后人怎么能对帕拉第奥做出这种事情？基于毫不起眼的规则，对一个被誉为对各时代皆最具影响力的建筑师的作品作出解释？这是否会对他的创造性和才华造成质疑，进而质疑其取得的成就？或者说，这也有可能提升我们对帕拉第奥成就的认知？因为他显然是在连贯规则的系统中工作，而非只单独对个案寻找灵感。

基于各种理由，荷西和弗里德曼回避提供确定的回应。对他们而言，最重要的是实验本身，而并非对实验对象的评价。通过描绘与分析被普遍认可的艺术作品的规律，他们间接地缓和了沙里文关于规则和艺术创造性对立关系的批判。

4　Kevin Lynch (1971), *Site Planning*, 238.

5　见 FIFA (2008), Laws of the Game.

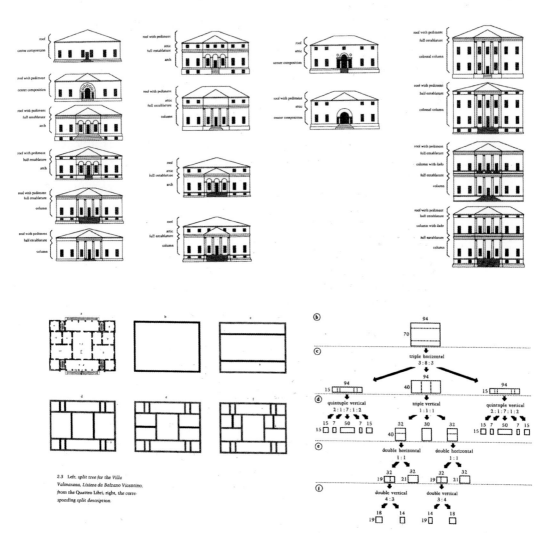

2.3 Left, split tree for the Villa Valmarana, Lisiera da Balzano Vicentino, from the Quattro Libri, right, the corresponding split description.

图 2　帕拉第奥及其随后的再合成分析

然而，规则不只是对叙事形态的抽象。它们具有固有的特性：如果某物遵循特定的规则，那么这种惯性也会持续地存在。这种被指定的惯性会衍生出可靠性和可计算性，否则其未来将变得难以预计。丹麦导演托马斯·温特伯格（Thomas Vinterberg）是这样回应他喜欢规则的原因："我喜欢它们，没有它们，我会分不清方向。许多人不明白这一点，这好比是日历：一旦决定了日子要如何过，你就会享受于其中。通过规则的确定，生活变得更为自由。"[6]

规则无处不在

即便在个人主义盛行的时代，若没有规则，社会也会难以管理。但它们中只有极少数能以法律或正式条文的形式出现。目前的规则中，以不成文的传统、风俗、规范、格言和惯例等形式存在的比例越高，则其主宰力越强。它们随时间而变化，有的消失了，有的则被新的规则所取代。政治经济学家弗里德里希·冯·哈耶克（Friedrich von Hayek）认为，这些潜在的规则在社会中起着独特的作用。哈耶克断言"作好服从这些规则的准备，是……社会集体生活规则完善的先决条件……不言而喻，对传统和惯例有共识的人们能更有效地协作，同时对正规的组织和强制行为有更少的依赖。"[7]哈耶克由此不仅强调非正式决定性因素的存在，而且强调其与正式规则合作的方式。正式和非正式的组织形式互为背景、相互强调。我们并不需要衡量非正式秩序影响正式规则的理论可行性。而这种影响更多地有赖于个体选择。十有八九，那些持续生效的约束和义务也应被这样认知。

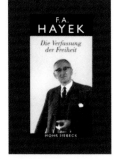

自由与管制
[FAC] § 1.06

使控制变得可调节

在最初关于规则的讨论中，有一对相互依存的关系悄然产生，但它们不容易被定义：就是约束力和自由度。这就是大家所说的自由；而常被纳入法律、哲学的强制约束议题，建筑师并不关心。超越嬉皮士的想像力，我们初步定义了自由。哈耶克为我们提供了如下观点："自由就是没有管制 [FAC]。"对这种反向定义的解释是，自由是"为不曾预料的和无法预测的事物提供空间的必要条件；我们渴望'自

6　2004 年 8 月于《时代周报》（*Die Zeit*），对托马斯·温特伯格的访谈。
7　Friedrich August von Hayek (1952), *Individualismus und Wirtschaftliche Ordnung*, 37.

由'，因为我们期望在实现目标的过程中获得机会。"[8] 若为实现某一具体目标而设定先决条件，则会破坏自由的品质，从而与自由理念的基本特征相矛盾——源于某物的自由，而非追求某物的自由！

这种追求理想但难以预测的事物的乐观主义，使我们坚信自由应作为城市和规划的稳定组成部分。在某种程度上，自由并非整体的，而是与具体的城市设计地区相关；特定的自由是基于特定条件的 [RF]。从规划师的角度来看，这些自由包括各种具体的选择。规则作为规划的方法工具，允许对自由权作出优化调整：在精确划分的范围内调整约束的力度。至此，规划指令中的"必须"，其含义可扩大到包括"默许""完全许可"及"有条件的鼓励"。本书中的案例试图厘清（即使在未来充满不确定性的情况下）自由是如何在规则的框架中被释放的；这是与企图掌控一切的做法不同，慢慢走向"可调控制"的非宿命论形式。规则中未被指定的部分，则可视为自由。下意识地不去指定，是设计所需要的。

持续运作！

当我们面对城市时，一方面，感觉到城市的复杂性使其难以被解释；另一方面，对于许多人而言，是对其独特城市品质的感知。最后，克里斯托弗·亚历山大（Christopher Alexander）提醒我们，城市并非一棵简单的有层级关系的树[9]，而是一张错综复杂的网络。罗伯特·文丘里（Robert Venturi）更是钟爱复杂的、相互矛盾的事物。本华·曼德博（Benoit Mandelbrot）的论断也有其合理性："科学的目的从来就是将复杂的世界总结成简单的规则"。[10]

休·费里斯（Hugh Ferris）在 1929 年发表的《明日都市》（*The Metropolis of Tomorrow*）中描绘了一种被城市宏伟景象所淹没的感觉——有感于纽约公寓窗外高楼林立的景象。一旦黎明前的迷雾消散，费里斯就能看到走在宏伟建筑下的矮小行人。他叩问自己："这两者间有什么关系？面对这些神奇的杰作，这些细小微粒是否是一种智慧的存在？"[11]

眼下的工作是要尝试找出原因并作出解释。在这里列出的每

8　Friedrich August von Hayek (1972), *The Constitution of Liberty*, 38.

9　Christopher Alexander (1965), *A City Is Not a Tree*, 58-62.

10　Quote by Polish-French mathematician Benoît Mandelbrot.

11　Hugh Ferriss (1929), *The Metropolis of Tomorrow*.

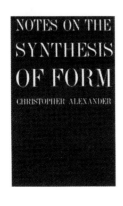

一条规则——不管它是对现实的总结还是对城市设计的指引——皆阐述了城市的简单事实。"简单"一词非常关键。虽然从整体来看，书中的这些规则根植于错综复杂的网络关系，但它们具有很强的操作说服力，使之在多重复杂的背景中得以实施。这类似一个图解方式，就像克里斯托弗·亚历山大在《Notes on the Synthesis of Form》[12]的前言中所述："图解和模式是非常简单的。它对物质关系进行模式化的抽象，解决小系统中互动力量和冲突力量的关系，并独立在其他力量、其他模式之外。这种特定时刻创造的抽象关系，通过整体性设计缝合其他关系，是令人惊讶的，也是非常重要的。由于这些图解相互独立，因此可以逐个地研究和优化，这样它们便可逐步演变发展。更为重要的是，由于它们是抽象和独立的，因此可以利用它们创建出不止一个设计，而是无限种设计，并以同一套模式组合起来。"[13]亚历山大曾谈及一种生成设计的方法，一种逐步分解、限定、分步、易于理解的方法，同时可避免超负荷运作的风险，此方式亦可避免极简主义的缺陷。模式和规则是通用并独立的指引体系。它的受益者包括从事分析的研究人员、参与设计的城市规划师、以规则引导空间功能关系或个人与社会关系的地方行政官员。

从规则的本身来看，我们已经在上面的这些领域内工作了。当我们把分析、设计或规则作为唯一工具使用时，它们便没有明显区别了。

种类多样的规则

规则描述过程。如果把城市看作永恒变化和发展的一个瞬间，那么导致这些变化的过程可用抽象的规则来描述。这些过程的作用与发展有一定的持续性和惯性，因而这些规则并非消极的描述，而是把控未来发展方向的积极因素。它们划定了游戏空间，并预设了变化的方向。规则便成了联系现状分析及未来预测的媒介。

规则的种类繁多："有些（标准）指向形式，有些指向制定过程，有些指向执行效能。有些是法规的最低要求；而有些则类似设计导则一样属于鼓励性质；有些指向特定的设计行为模式（'当前优秀

---

12 Christopher Alexander (1974), *Notes on the Synthesis of Form*.
13 Ibid., preface to the paperback edition.

实践'）；有的是对未来的预测（例如，如果能提供一定量的零售空间，那么该商店将会有足够的商机）；也有的使用强制标准限制过多样的形态（例如螺纹的规格）。"[14]

就此，不同种类的规则存在两种根本差异：其一，它们的起源和动机有差异；其二，更有趣的是，从城市设计运行的视角来看，对设计自由度所提供的空间存在差异。关于起源的问题比较容易解释。它是一种官方的规制，以建筑和区划条文、法律、法规、行政条例等，协调公私关系，并建立文脉规则（如社会习俗、文化或经济动力、传统、个体标准、"时代"潮流、品味潮流或"自然规律"的潮流）。

许多规则是由"当前最佳实践"进行规划转译而成的。最杰出的例子是简·雅各布斯提出的指引。她在其著作《美国大城市的死与生》（*The Death and Life of Great American Cities*）中提出了一系列基本的规则——源于现实——以求扭转美国城市衰退的局面，或者至少避免重蹈覆辙。1961 年，她提出了四个维持城市多样性和活力的必要条件：（1）地区及其内部区域拥有两种以上的主要功能 [MFS]；（2）街道应尽可能短；（3）一个地区应保留一定比例的老建筑，建筑的年龄、使用情况和用途应丰富多样 [DIM]；（4）应有足够高的人口密度。[15] 这四个必要条件被视为简·雅各布斯对当时纽约格林尼治地区的理想描述。

这些规则除了起源不同外，对于扩大城市的多种可能性，也有明显的差异。这四个基本议题如下：

第一个是其管控的领域边界差异。寻找差异的最佳方法，是反向探索其边界的漏洞：如哪些领域没有覆盖，哪些区域划出了控制范围？

第二个关键议题，是这些没有被界定的领域，是否被另外的规则有效覆盖了。相应地，只有代入了特定的场景，规则才能得到确认。它由正面的术语组成：面向控制的设计术语，可通过多种规则来调控，例如名目众多的居住区标准 [BD, CCS, DWW, FAR, FYD, LC, LW, PWH, RYD, SYW, SWL]。

北美居住区的成套典型规则起源于纽约市城市规划局（the

THE DEATH
AND LIFE
OF GREAT
AMERICAN
CITIES
JANE JACOBS

功能多样的街道
[MFS]§4.01
差异最大化
[DIM]§4.03

建筑间距
[BD]§6.11
路缘石切口间距
[CCS]§7.03-2
私家车道宽度
[DWW]§7.03-1
容积率
[FAR]§7.01-1
前院深度
[FYD]§6.04
地块覆盖率
[LC]§6.10
地块宽度
[LW]§6.08
外墙高度
[PWH]§7.02-2
后院深度
[RYD]§6.05
侧院宽度
[SYW]§6.12
街墙长度
[SWL]§4.12

14　Lynch (1971), 242.

15　Jane Jacobs (1961), *The Death and Life of Great American Cities*.

建筑间距（Building Distance）[BD]，路缘石切口间距（Curb Cut Spacing）[CCS]，私家车道宽度（Driveway Width）[DWW]，容积率（Floor Area Ratio）[FAR]，前院深度（Front Yard Depth）[FYD]，地块覆盖率（Lot Coverage）[LC]，地块宽度（Lot Width）[LW]，外墙高度（Perimeter Wall Height）[PWH]，后院深度（Rear Yard Depth）[RYD]，侧院宽度（Side Yard Width）[STW]，街墙长度（Street Wall Length）[SWL]。

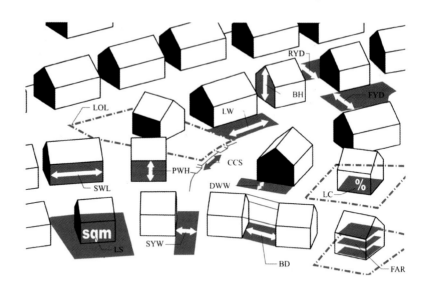

图 3　典型的住宅建筑规定：BD 建筑间距（最小值），CCS 路缘石切口间距（最小值），DWW 私家车道宽度（最小值），FAR 容积率（最大值），FYD 前院深度，LC 地块覆盖率（最大值），LW 地块宽度（最小值），PWH 外墙高度（最大值），RYD 后院深度，SYW 侧院宽度，SWL 街墙长度（最大值）

New York City Department of City Planning）的《区划手册》（*Zoning Handbook*）[16]。大约十多条正式规则定义了纽约住宅楼的官方形式和设计。这里包括了变化丰富的类型和尺寸。一方面，这些规则相互借鉴；另一方面，它们填补了相关条例的空缺。这些规则界定了最小建设地块、地块的正面和侧面边界、后院的进深、建筑高度，并一直延伸到界定私人建筑的间距。每条规则的叠加，皆进一步约束了纽约住宅多样性的可能空间。若愿意，该系列会形成一套——如今是大量的——规则，对某一特定的建筑类型作出精准的描述。至此，规则成为规划。

　　另外，若城市以一条或最多两到三条的规则指导居住区发展，那么其自由度则会更高，甚至到了近乎放任的状态。

　　第三个是基于规则的自由度议题：规则所界定的领域边界究竟有多严格？应该是绝对标准（如最大建筑高度为 35 英尺）？还

16　New York City (2006), *Zoning Handbook*.

是一种界定关系的标准（如建筑高度在……的情况下允许超过 35 英尺）？

第四个也是最后一个议题：外部性。对指引机制所鼓励的但没有明确成为目标的领域，规则是否有所贡献？对最高容积率 [FAR] 的界定，是否对该区的某些用途有干扰？在木构建筑中禁止设置洗衣房，最终是否会演变为对旧金山华人社区的歧视 [LL]？

容积率
Floor Area Ratio
[FAR] § 7.01-1
洗衣店法令
[LL] § 7.03-6

以历史案例为基础，本书接下来将讨论在当今的城市环境和问题中，特定规则的组合、冲突和合作：

本书第 2 章专门对公私利益关系进行探讨，正是这种利益关系促使社区制定规则。什么是公共利益和私人利益？公共利益如何形成以及如何衍生出城市规则？

第 3 章关注以规则行使的权利，主要是它们如何划定允许和禁止的界线。其中一个重要的发现，是规则的潜力在于包容性和解释性，而非苛刻的强制性。

第 4 章论述规则对美学品质控制的作用。就此而言，规则首次被视为设计工具。

第 5 章是关于"有规矩的自由"，规则在此作为自由和权利的服务者。此章亦提及由极端临近引发的无休止的谈判。

第 6 章同时讨论官方和非官方条例，并讨论它们之间循序渐进、互惠互利的影响。

第 7 章明确规则为谁而立以及它们在何处运用。就此而言，规则的"外部性"变得相当重要。

第 8 章的案例论证了城市要素间的连贯性，与此同时，它们支撑了基于各自文脉的差异性。

第 9 章试图说明规则作为设计工具的潜力。

只有在清晰的设计任务中明确规则的作用，我们才能判断这种方法是否具有适用性。这将在最后一章中找到答案。

第2章

如履薄冰般控制私产

历史也能体现城市伟大的愿景。但许多愿景未能从图纸变为现实——这并非因为它们不能提供充分的城市解决方案，而仅仅是因为缺乏有效的手段，用以诱导私人业主依照城市愿景重塑他们的城市。

每个城市设计行为的核心问题，首先是对公共利益的定义。当私人利益被明确界定后，其界限之外就是公共利益。但对公共利益进行定义是困难的，例如如何在法律条文中定义某种事物对公共卫生有利或不利[1]：其难点在于如何在公私两极之间调和。

---

1 温斯洛（C.E.A. Winslow）（1920）提出了公共卫生的一般定义：基于社会、组织机构、公共和私人、社区和个人的明智选择，通过组织各方力量所形成的预防疾病、延长寿命和促进健康的科学和艺术。

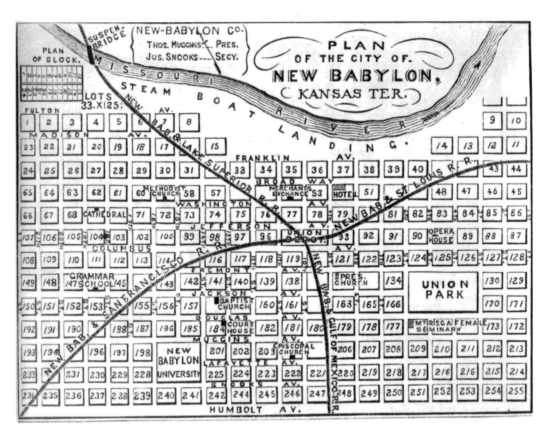

图 4　19 世纪城市新巴比伦的设计图纸

图 5　19 世纪城市新巴比伦的实际效果

美国视点：西部景观

赛斯·洛（Seth Low），哥伦比亚大学前任主席、1901—1903
年的纽约市长，认为美国城市规划的任务，是寻求"在几年内凭空
缔造一个伟大城市"[2] 的办法。这个宣言标志了美国城市作为临时实
践运动的冷启动。

因此，美国的这些新市镇有别于传统（尤其是欧洲）的新城。
但这些新市镇或多或少地经过了"预先规划"或被"预先结构化"。

美国城市的发展史是非常易懂的，它就像经典好莱坞
（Hollywood）西部影片一样——包括体裁及其三部曲的结构：
（1）征服土地（以网格细分土地）；（2）基于产权理顺基本的组织
关系（土地使用规划、区划）；（3）邻里间（曾经为牧场主）的持
续较量。各幕英雄在社会与个体的认知之间选择自己的行为。这些
皆发生在荒蛮与文明的神秘边界之间，发生在自然和人类法律之间，
而且最重要的是发生在自由和义务的两极之间。在西部，这些冲突
出现在犯罪分子和守法公民之间；在城市设计中，这些冲突出现在
公私利益之间。

在 20 世纪，欧洲人不断地探索和实验综合性的城市规划，探
寻理想城市。相比之下，同一世纪初期开始的美国历史，却围绕着
公私利益的冲突及其根源探寻展开。[3] 至少从 20 世纪上半叶开始，
区划法在全国推行，在必要时动用尽可能少的行政手段，不断改进
其控制方法。这种实用主义也经常引起法庭纠纷，甚至导致旧金山
的过度监管，还使休斯敦和亚特兰大处于荒蛮西部的状态。

有时候，这些调控措施对美国城市的物质、文化和经济发展产
生了积极的影响，但也经常带来负面的结果，并因此引来批评。经
过不断的完善与提炼，很多措施成为外界学习的热点——源于德国
的区划法，本身也是通过纽约传入美国的。[4] 今天，几乎每个国家
都有一定的建设和区划条例。

在 20 世纪，大西洋沿岸还发生了意识形态和风格的传递，但
传递方向恰恰相反。

2　Seth Low, "An American View of Municipal Government in the United States," James
　　Bryce(1889), *The American Commonwealth*. Quoted by Seymour I. Toll (1969), *Zoned
　　American*, 131.

3　这种高度务实的态度，已经体现在"规划"这一精辟的术语中。美国的规划师没有浪费时
　　间琢磨其中的含义，也没有自我怀疑；与此同时，具有丰富内涵的术语如"城市设计"，也
　　并非德语的表达。

4　参见 Ernst Freund (p.94) and Toll (1969),130-140.

总之，美国的城市规划很好地回答了公共利益是如何从个体中派生出来的问题，反之亦然。更重要的是，它揭示了这些动态过程是如何影响城市面貌的。

这种关于城市的讨论，近似于一个有着许多常量、具有惊人的可控性、只能逐渐改变边际条件的实验。

集体的力量

一般情况下，市政管理部门和城市规划机构用两种方式来实现其规划目标：第一种是对公共财产的直接投资，同时还包括建设公园、公共建筑和基础设施；第二种，同时也是更棘手的方式，是从城市设计的角度，以维护公共利益的名义，试图对私有财产进行管控。在大多数情况下，这意味着通过对私人的行为进行约束来协调整体环境。如果说第一种方法并非经常使用，或者具有较大的偶然性的话，那么第二种方法则代表着当代城市设计的典型困难之一，有着数不清的问题等待解决。面对私人利益时，界定公共利益已经很难，就更不用说要以它的名义去实施了。私人利益往往拥有野兽般的天性，而公共利益却很难像私人利益一样容易分辨。这是因为公共利益往往是从私人利益中派生的，以其中一个要素衡量另外一个，是非常困难的。因此，过度的监管和随意性，便是我们经常听到的指责。

没有我们！

[A]
伯恩罕、奥斯曼、
摩西和拿破仑三世

[L]
纽约市

以集体的力量制定通用的目标和规则，具有很大的不确定性。这也解释了为什么19世纪巴伦·奥斯曼（Baron Haussmann）的巴黎整体改造能获得成功，而后来1909年丹尼尔·伯恩罕（Daniel Burnham）的芝加哥改造却面临多重失败。[5] 芝加哥的私产所有者成功地躲过了伯恩罕的改革之手。这个改造方案所界定的私人用途并不明晰，可行性低。在芝加哥，伯恩罕并没有拿破仑三世为他提供绝对的财产征收权和公共贷款。基于强大的个人授权而进行的城市重建，并非只是欧洲特色。试想，罗伯特·摩西（Robert Moses）是如何在20世纪通过他的高速公路、社会住房方案，以及公园的

5　丹尼尔·伯恩罕："不侵害私产，也就是说，社会拥有保护自己不受攻击的固有权力。"（*The Plan of Chicago*, 1909, by Daniel Burnham, coauthored with Edward Bennett and produced in collaboration with the Commercial Club of Chicago ）。

图 6　曼哈顿的地下快速路方案，连接荷兰隧道（Holland Tunnel）和西城高速公路（West Side Highway），在前景连通曼哈顿大桥（Manhattan Bridge），在右上角连通布鲁姆街（Broome Street）和鲍厄里（Bowery）。东向渲染图，1950 年

铺设，前所未有地改变纽约市的——尤其是大规模地影响了城中的私有财产。在"公共工程"的庇护下，包括私有物业在内的建筑被抹去，就像它们曾出现在 19 世纪的巴黎。单单在摩西指挥下所使用的大量混凝土，就可能使他成为历史上最重要的建设者之一。

　　但在 20 世纪 60 年代，甚至连摩西也不得不接受这样的事实，他的项目，包括一条 8 车道的曼哈顿地下快速路（绰号"Lomex"），都只能停留在想象中。他那徜徉在东河（East River）和哈得孙河（the Hudson）间的大道，将摧毁苏活区（SoHo）的 14 个街区，销毁无数历史建筑，迫使 1 万多名居民迁移。[6]但"公众利益"仍然是首要的考虑因素，"Lomex"不仅是解决纽约交通拥堵的关键，而且更加便于军事防御。这与法国皇家的论调是多么一致！最终，在街区中被充分体现的个人主义集体所阻挡，并没有让快速路建设下去。

团结起来！

　　在伯恩罕和摩西的城市重建中，公众利益只得到有限的调和；而俄亥俄州的圆村（Circleville）——一个小得多的城镇，则迎来

[A]
圆村变方公司
（The Circleville Squaring Company）

6　对于整个历史，参见 Robert A .Caro (1974), *The Power Broker: Robert Moses and the Fall of New York.*

[L]
圆村（Circleville）

图 7 俄亥俄州圆村的俯视图，1836 年

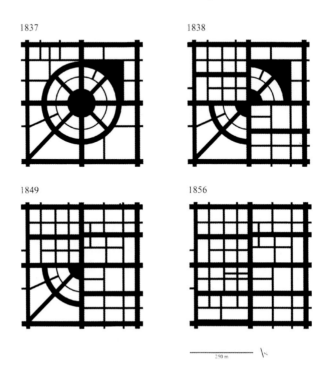

图 8 逐渐改变的圆村：1837—1856 年

了更大的成功。事情甚至朝着相反方向发展：如果划分得更加果断，圆村将最终实现方格网的城市形态。在那里，没有人提出过总体目标，但直接的个人经济利益则推动了早期的全面重建计划（包括街道布局）——"把圆村变方"（squaring of Circleville）。

在美国，圆村的布局非常特别：规划基于一个同心圆展开。这个圆的形式可以追溯到本土美洲人居住地的发掘。1820 年，在赛欧托河（Scioto River）附近的这个位置，丹尼尔·德莱斯巴赫（Daniel Driesbach）负责收购土地并建造村庄。

到那年年底，已有超过 40 户家庭在那里生活。同时，圆形的法院竖立在直径 120 米的双层八角形的中心。

当然，除了这个"圆广场"，也有一个"圆巷"和"圆街"。

以同心圆放射状的布局，致密地布置了住宅单元——这比埃比尼泽·霍华德的《明日的田园城市》（Garden Cities of Tomorrw）的理想规划布局早了半个世纪。[7]

但事情总会发生变化。

在 19 世纪 30 年代后期，圆形的小巷迅速被正交的街道所取代。

中央大楼已经被拆除，让位给商业和住宅建筑。城市的变化如此迅速，以致"在半个世纪或更短的时间内，曾经的特色痕迹将不复存在。"[8] 詹姆斯·思科·白金汉（James Silk Buckingham）作为当代的见证者，在 1840 年到访圆村时抱怨道。

除了被批判为"幼稚的感性主义"[9]外，圆村的规划也蒙受其他批评：地块形状奇特，大型的中央广场像个养猪场。

在批判圆村独特形态的同时，也隐藏着矩形形态所能带来的真实利益。相关争论皆是利益导向的，并提出社区应对大面积珍贵土地的浪费负有责任——首先是镇中心，然后是在圆圈与正交街道相接的地方。

1837 年通过了重建圆村的法律。但它有个非常重要的限制：任何重建计划，必先得到所有受影响的业主同意。

由于很难在短期内获得所需的无条件支持和全体居民的共识，条文随后被修改，土地开发可以由"圆村中圆形部分的任何业主"

7　1898 年初版名为《明天，通向真正改革的和平道路》，1902 年再版为《明日的田园城市》。参见 Ebenezer Howard and Frederic James Osborn (1965), *Garden Cities of Tomorrow*.

8　John W. Reps (1965), *The Making of Urban America—a History of City Planning in the United States*, 484-487.

9　同 8。

单独发起。[10] 通过这种方式，圆村的重建就可以逐步开展。紧接着，第二个"注册法"获得通过，此举无疑为在美国成立第一家民营市区重建规划公司创造了基础。这家公司至今尚在，其原名恰到好处："圆村变方公司"（The Circleville Squaring Company）。[11]

到 1857 年，该公司在美国实施了第一次全面的市区重建计划，包括街道布局。

圆圈保存了下来：今天仍然能发现一些房子的平缓凸起，显示出街道曾经弯曲的痕迹。这个公认的更强大的元素履行完其在特定条件下的任务，现在已经消失了。通过一年一度的南瓜节，以世界上最可爱、最大的南瓜为特色，圆村继续专注于圆。圆村变方公司有了新的名字，但该镇的标志仍继续显示着曾经的圆形街道格局及镇中心法院的全景。

这块土地是你的，也是我的

经济学家亚当·斯密用他"看不见的手"[12] 来描绘社会机制的特征：个人主动对社会作出贡献，只因他们在追逐个人目标 **[IH]**。或者换句话说："每个人把自己家门打扫干净后，社区也因此而保持干净！"[13]

亚当·斯密的无形之手所起的作用，并没对公共利益进行定义。对于他来说，私人利益是公共利益的一部分，反之亦然。[14]

若这种说法是正确的，那么所有的公共行政将是多余的。但我们常见到相反的情况：例如，自由市场的无形之手并不一定符合这个利他模型；相反，它是理性的选择，同时受个人倾向的影响，以牺牲环境来汲取利润。值得怀疑的是，这两只无形的手将在何时握手……除非被一只看得见的手干预。

与亚当·斯密的观点形成对比，生物学家加勒特·哈丁用一个滥用公有地的例子，生动阐述了过度开发倾向的原因 **[TOE]**：

"公地悲剧是这样产生的：若一个牧场向所有人开放，可以预料，每个牧民都尽可能在公共土地上多放养牛只。这可能会令政府满意，

看不见的手
[IH] § 1.02

过度开发的倾向
[TOE] § 1.08

滋扰法案
[CLN] § 1.01

10　John W. Reps (1965), *The Making of Urban America—a History of City Planning in the United States*, 484-487.
11　现在此公司仍然存在，但已更换名字。
12　Adam Smith（1966），*The Wealth of Nations*.
13　引述，最初来自于 Johann Wolfgang von Goethe。
14　同时对比一下《滋扰法案》[CLN]：任何个体的行为皆不应对其他个体产生滋扰。

过度开发的倾向 [TOE].

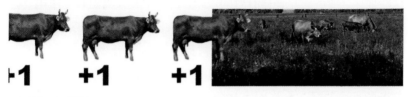

positive component is not shared

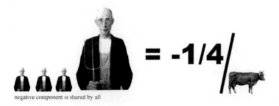

negative component is shared by all

图 9　公有地存在被过度开发的倾向：消极的影响由全部人承担，然而积极的影响却不是

因为部族战争、偷猎和疾病等将会减少人和家畜的数量。然而，在清算的那一天，当社会稳定了，公共土地的内在逻辑则冷酷地产生悲剧"。

　　"作为一个理性的人，每个牧民的目的都是实现收益最大化。无论在明在暗，他总会有意识地问：'如果我的牧群增加一只动物，对我有什么影响呢？'该影响由消极和积极两部分组成。"

　　1）积极的影响是一个动物的增量。由于牧民的全部收入来自额外的动物出售，积极的影响近似于 +1。

　　2）消极的影响是由于额外的动物造成的过度放牧。然而，由于过度放牧的影响由所有牧民共同承担，因此消极的部分对于牧民来说只有 -1 的一小部分。

　　"同时考虑积极和消极两部分的效用，一个理性的牧民会得出这样的结论：唯一明智的做法就是为他的畜群添加一个、一个……又一个的动物。但这个结论是由共同享有公共土地的每一个牧民得出的。

　　悲剧就此产生，每一个人被锁定在这样一个系统中：在一个有限的世界里，他们被迫无限制地提高自己的牧群数量。在这个相信公共土地自由的社会中，每个人将会追求自身利益的最大化，然而这种在公共土地上的自由将会为每个人带来灾难。" [15]

　　哈丁说过，为了防止这样的悲剧发生，原则上有两个可能：我

15　Garrett Hardin (1968), *The Tragedy of the Commons*,1243-1248.

们可以通过私有财产制度取代大部分的公共空间，放手让私人管理这些地区，或者建立普遍有效的规则，使得个人较为温和地使用"公共空间"。我们找到了这两个原则的结合，其以前存在于瑞士的各地，例如（在农业上）公有权的使用被称为 Durchwinterungsfuss，或叫过冬标准（wintering feet standard）。它把公共土地的使用权与私有农场的大小关联，允许农民在公共土地上放养的数目与过冬时在自家圈养时的数目一样多，而随后购买的家畜则会被排除在公共土地之外。

以私人的视角看公共利益

[A]
第一波士顿银行，
市艺术协会，特朗普

[L]
纽约市

20 世纪 80 年代中期，第一波士顿银行（First Boston Bank）要在曼哈顿中心建设办公大楼。他们的方案符合区划法，很快就启动了。银行的动作引起了其近邻的注意，他就是唐纳德·特朗普（Donald Trump），纽约房地产界最有魅力的人物之一，他还是纽约的地标保护组织——市艺术协会（Municipal Arts Society）的一员。在第五大道的对面，正是特朗普公寓大楼。特朗普与第一波士顿银行接触，打算购买这个地块，或至少成为该项目的 50% 的合作伙伴。第一波士顿银行拒绝了他，报道引用特朗普的话："我不能想象这块地上将会建一座塔楼，从而影响我公寓买家的景观，除非我的名字也在项目的名单上。"被银行的另一个部门拒绝后，他更是直言："我希望你不要和市艺术协会有什么纠纷。还有，我告诉你，我会非常乐意看到这个项目的推进。"同样是那个唐纳德·特朗普，2001 年计划建设一栋世界最高的公寓大楼——在联合国秘书处大厦[16] 旁边建一栋 263 米高的公寓大楼，而在 1985 年，他却把自己塑造成一个历史文化的保护者。他成为市艺术协会的一员，专注于第五大道的未来，并以此身份正式宣布拒绝第一波士顿的建设项目，根据他的解释，它将夺走第五大道的"光线和空气"。四个月后，第一波士顿银行失去了这个项目，这块地上名为里佐利（Rizzoli）和科蒂（Coty）的两栋建筑，在此期间被委员会评为历史古迹和城市的象征。[17] 而这两座建筑作为可能的历史保护古迹，已经在候选名单上等了 16 年。早在 1966 年、1981 年和 1983 年，市艺术协会就几次明确考虑给予它们地标保护。但在特朗普提出倡议后，协会

16　详见 *Gentlemen's Agreement* p.223.
17　来自 Costonis（1989），73.

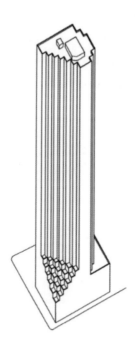

图 10 　从私人的视角看公共利益：纽约第五大道的特朗普大楼

才真正负起责任，间接地把它们纳入区划的条款。如今，伪装成历史保护专家、在协会帮助下的特朗普，并没有做任何保护社会利益的事情，反而为他那些富裕的客户保护了私人豪华景观——从特朗普公寓大楼的窗户欣赏到的壮丽城市的景色。

　　公共利益不一定是正义的，相反，即使在最佳的状态，它仅反映了大多数人的意见，并在多数情况下与公众的利益相符，但这些意见常常是混乱的。

从私人利益出发：秩序整理

　　以编码分区的方法引进纽约的"综合区划"[18]，其代表的公共利益并非源于最大化客观权威的综合规划过程，虽然这本应该决定了城市设计的目标。相反，这是源于那些对房地产开发趋势不满的个人、有影响力的商界领袖和市民。[PPI] 他们担心自己的财产贬值，并且担心他们的酒店、餐厅和零售业的利润下滑。诸如蒂凡尼（Tiffany）、萨克斯（Saks）、沃尔多夫 - 埃斯多利亚（the Waldorf-Astoria）和里兹 - 卡尔顿（Ritz-Carlton）等集团，害怕自己的顾客流失。

[A]
善治政府积极分子和第五大道协会

[L]
纽约市

公共利益与私人利益
[PPI] § 1.04

18　综合区划是指把一个城市、县或地区划分成若干区划分区，实施一定的规则，并管理该领域的土地使用。

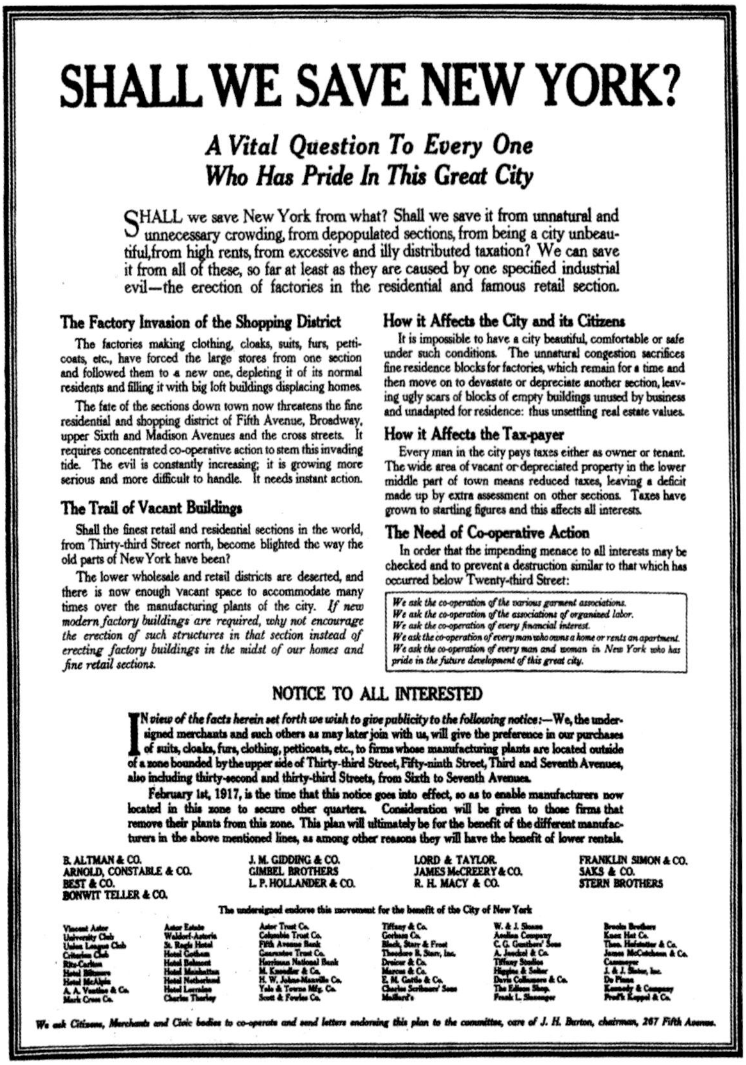

SHALL WE SAVE NEW YORK?

A Vital Question To Every One Who Has Pride In This Great City

SHALL we save New York from what? Shall we save it from unnatural and unnecessary crowding, from depopulated sections, from being a city unbeautiful, from high rents, from excessive and illy distributed taxation? We can save it from all of these, so far at least as they are caused by one specified industrial evil—the erection of factories in the residential and famous retail section.

The Factory Invasion of the Shopping District

The factories making clothing, cloaks, suits, furs, petticoats, etc., have forced the large stores from one section and followed them to a new one, depleting it of its normal residents and filling it with big loft buildings displacing homes.

The fate of the sections down town now threatens the fine residential and shopping district of Fifth Avenue, Broadway, upper Sixth and Madison Avenues and the cross streets. It requires concentrated co-operative action to stem this invading tide. The evil is constantly increasing; it is growing more serious and more difficult to handle. It needs instant action.

The Trail of Vacant Buildings

Shall the finest retail and residential sections in the world, from Thirty-third Street north, become blighted the way the old parts of New York have been?

The lower wholesale and retail districts are deserted, and there is now enough vacant space to accommodate many times over the manufacturing plants of the city. *If new modern factory buildings are required, why not encourage the erection of such structures in that section instead of erecting factory buildings in the midst of our homes and fine retail sections.*

How it Affects the City and its Citizens

It is impossible to have a city beautiful, comfortable or safe under such conditions. The unnatural congestion sacrifices fine residence blocks for factories, which remain for a time and then move on to devastate or depreciate another section, leaving ugly scars of blocks of empty buildings unused by business and unadapted for residence: thus unsettling real estate values.

How it Affects the Tax-payer

Every man in the city pays taxes either as owner or tenant. The wide area of vacant or depreciated property in the lower middle part of town means reduced taxes, leaving a deficit made up by extra assessment on other sections. Taxes have grown to startling figures and this affects all interests.

The Need of Co-operative Action

In order that the impending menace to all interests may be checked and to prevent a destruction similar to that which has occurred below Twenty-third Street:

We ask the co-operation of the various garment associations.
We ask the co-operation of the associations of organized labor.
We ask the co-operation of every financial interest.
We ask the co-operation of every man who owns a home or rents an apartment.
We ask the co-operation of every man and woman in New York who has pride in the future development of this great city.

NOTICE TO ALL INTERESTED

I*N view of the facts herein set forth we wish to give publicity to the following notice:*—We, the undersigned merchants and such others as may later join with us, will give the preference in our purchases of suits, cloaks, furs, clothing, petticoats, etc., to firms whose manufacturing plants are located outside of a zone bounded by the upper side of Thirty-third Street, Fifty-ninth Street, Third and Seventh Avenues, also including thirty-second and thirty-third Streets, from Sixth to Seventh Avenues.

February 1st, 1917, is the time that this notice goes into effect, so as to enable manufacturers now located in this zone to secure other quarters. Consideration will be given to those firms that remove their plants from this zone. This plan will ultimately be for the benefit of the different manufacturers in the above mentioned lines, as among other reasons they will have the benefit of lower rentals.

B. ALTMAN & CO.
ARNOLD, CONSTABLE & CO.
BEST & CO.
BONWIT TELLER & CO.
J. M. GIDDING & CO.
GIMBEL BROTHERS
L. P. HOLLANDER & CO.
LORD & TAYLOR
JAMES McCREERY & CO.
R. H. MACY & CO.
FRANKLIN SIMON & CO.
SAKS & CO.
STERN BROTHERS

The undersigned endorse this movement for the benefit of the City of New York

Vincent Astor
University Club
Union League Club
Criterion Club
Ritz-Carlton
Hotel Biltmore
Hotel McAlpin
A. A. Vantine & Co.
Mark Cross Co.
Astor Estate
Waldorf-Astoria
St. Regis Hotel
Hotel Gotham
Hotel Belmont
Hotel Manhattan
Hotel Netherland
Hotel Lorraine
Charles Thorley
Astor Trust Co.
Columbia Trust Co.
Fifth Avenue Bank
Guarantee Trust Co.
Harriman National Bank
M. Knoedler & Co.
H. W. Johns-Manville Co.
Yale & Towne Mfg. Co.
Scott & Fowles Co.
Tiffany & Co.
Gorham Co.
Black, Starr & Frost
Theodore B. Starr, Inc.
Dreicer & Co.
Marcus & Co.
E. M. Gattle & Co.
Charles Scribner's Sons
Maillard's
W. & J. Sloane
Aeolian Company
C. G. Gunthers' Sons
A. Jaeckel & Co.
Tiffany Studios
Higgins & Seiter
Davis Collamore & Co.
The Edison Shop
Frank L. Slazenger
Brooks Brothers
Knox Hat Co.
Thos. Hofstatter & Co.
James McCutcheon & Co.
Cammeyer
J. & J. Slater, Inc.
De Pinna
Kennedy & Company
Fred'k Keppel & Co.

We ask Citizens, Merchants and Civic bodies to co-operate and send letters endorsing this plan to the committee, care of J. H. Burton, chairman, 267 Fifth Avenue.

图 11 ……或者我们应该自救。1916 年《纽约时报》刊登由第五大街协会制作的广告，通过避免用地不相容来拯救城市

皮草和皮件专卖店不愿意与（他们自己的）臭气熏天的工厂为邻。那些带来令人烦扰的设施，也会产生令人厌恶的交通模式，包括货车、手推车等，特别是那些与贵宾格格不入的工人，会削弱消费行为。因此，第五大道协会发起了经济环境提升运动，旨在约束相邻业主向那些他们认为不能相容的用户出售或出租空间。

但这种意图并不能被写入具有普遍约束力的区划法条例。用普适的法律条文对商业用途进行约束的愿望，会遭到“善治政府”积极分子的反对。而实际上，随着 1901 年《新租户法》的颁布，后者已经成功地建立一项法律，要求公寓楼的最大高度是它们面前最

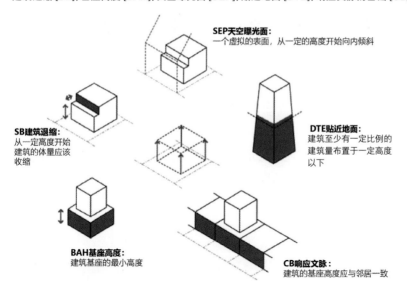

建筑退缩 [SB], 基座高度 [BAH], 天空曝光面 [SEP], 贴近地面 [DTE], 响应文脉的基础 [CB]

SEP天空曝光面:
一个虚拟的表面, 从一定的高度开始向内倾斜

SB建筑退缩:
从一定高度开始
建筑的体量应该
收缩

DTE贴近地面:
建筑至少有一定比例的
建筑量布置于一定高度
以下

BAH基座高度:
建筑基座的最小高度

CB响应文脉:
建筑的基座高度应与邻居一致

图12　反公正大厦的规则——五种（仍然）常见的管理建筑退让的几何方式。这样的规则终于把城市设计从一种 2½ 维度的工作变成三维

宽大街宽度的 1.5 倍。[19] 这项成功, 使改革者更加大胆地将注意力转向商业楼宇, 公众对于规范该种土地用途的呼声更大了。当公正大厦（the Equitable Building）顺利达到 540 英尺高时, 1916 年《区划决议》才获得足够的政治支持 [SB]。为了防止那些额外的"高层怪物"封闭街道、遮挡阳光, 该条例将城市细分为若干区域, 并且规定了土地用途、容积率、建筑高度、地块内建筑物的位置等 [SSR]。据官方称, 这些措施旨在造福市民的健康和防止交通拥堵。

　　然而事实上, 这种区划条例"把私人权利变为公共权利, 并把市场决定变成为政治决策"[20]——但必须认识到, 这种公共权利与"公共利益"是有区别的。

冲突!

　　仅仅 10 年后, 在 1926 年, 这样的条例与私人利益的冲突, 只能在最高宪法权力机构解决。这是最高法院成员在首席大法官威廉·霍华德·塔夫（William Howard Taft）带领下的决策, 使之成

建筑退缩
[SB]§7.02−1

建筑退台街道比
[SSR]§4.13

[A]
安布勒物业公司, 欧几里得与塔夫 Ambler Realty Company, Euclid and Taft

[L]
欧几里得 Euclid

19　Alexander Garvin (1996), *The American City: What Works, What Doesn't*, 434.
20　William C. Wheaton (1989), *Zoning and Land Use Planning: An Economic Prespective*, 12.

USE GROUPS PERMITTED IN ZONING DISTRICTS

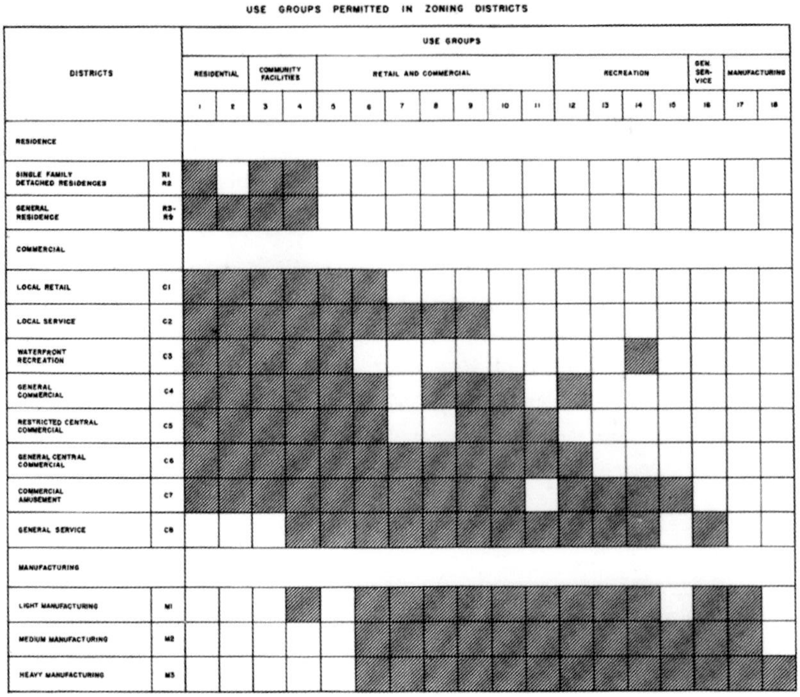

功能组 1　独栋住宅开发
功能组 2　其他类型的永久性住宅
功能组 3　社区设施，如学校、图书馆、音乐厅、学校宿舍、护理院和为特殊人群提供的居住设施
功能组 4　社区设施，如礼拜间、社区中心、医院、流动医疗设施和其他非住宿功能设施
功能组 5　临时旅店
功能组 6　为满足当地购物需求的零售和服务设施，如饮食、小服装店、美容店、干洗店
功能组 7　家用工具和维修服务，如为附近居住区服务的管道与电器店
功能组 8　娱乐设施，如小型保龄球道、电影院；服务用途，如家具装饰用品店、电器维修店
功能组 9　商务服务设施和其他服务设施，如打印店、餐饮服务店
功能组 10　大型零售设施，如服务大区域的百货商店、电器店
功能组 11　定制产品设施，如裁缝和珠宝工厂
功能组 12　大型娱乐设施，如服务大规模人群的竞技场、室内滑雪场
功能组 13　低覆盖率或室外用途，如高尔夫练习场、小型儿童游乐园、营地、宴会厅
功能组 14　划船和相关活动设施，适合水边娱乐的区域
功能组 15　大型商业娱乐设施，包括典型的游乐园
功能组 16　半工业用途，包括汽车制造及其他服务，如定制木作工坊、焊接车间
功能组 17　符合高标准的工业用途
功能组 18　工业用途

图 13　相容性的判定——基于卫生的综合区划：用途分类与其区划分区

为美国城市的看不见的控制者。法院裁定，区划条例是一种宪法实践，属于警察权属范围。从此，一个新的美国制度诞生了。现在，城市规则以官方工具的形式出现，没人问它从何而来、有什么功能。为了提高效率，避免等待政府的反馈，这种法律将指引城市开发走向"文明"。这些规则几乎人人都遵守，所以在不知不觉中，它们开始影响了建成环境的形态——这是一种积极的循环反馈，在相互

作用中互为前提条件。

欧几里得村，位于北俄亥俄州的克利夫兰（Cleveland），是这种冲突的例子。鉴于缺乏有效的发展规划，这个有 10000 人口、两条铁路和三大街道的社区，决定引入一个新的分区计划。初始原因是社区卫生的问题，"目的是使欧几里得村尽可能摆脱恶劣的卫生条件，以及把那些不卫生的功能放置到被隔离的地区。" [UG][21]

用途组别
[UG] § 3.08

1911 年，安布勒物业公司（Ambler Realty Company）购买了位于欧几里得大道和镍板铁路之间的地块，该面积为 68 公顷的地块迄今从未被开发。投机是他们的动机。鉴于其毗邻火车站和商业街，这块被整合的用地，现在能以更高的价格出售给另一个生产企业。

但欧几里得采用的区划法打乱了他们的如意算盘，用地被分成三个不同的分区。其中，北部的用途几乎没有限制，南部被指定为复式住宅，南北之间的狭长地带被指定为公寓和公共建筑用途。但因其形状狭长，宽度只有 40 英尺，这些建筑物的建造变得极为困难。安布勒公司向法庭上诉，理由是规划严重削弱了他们的预期利润，而且他们没有获得足够的货币补偿。地方法院同意了他们的观点，但欧几里得镇对该判决结果表示质疑，并申诉到最高法院。此案引起了全国关注，被认为是对 10 年前为了修补美国城市而提出的区划概念及法令进行合宪测试的案例。[22] 除了各种对不同分区结构的专业讨论外，争论的中心点在于：为特定人群所建立的秩序，是否也可成为其他社区的标准。也有人认为，条例无法"衡量与预测市场的涨落，因此也无法预见未来功能及其数量，更无法为其指定空间。" [23]

经过投票，6 位法官赞成而 3 位法官反对，最后法官们认定，这种"综合区划法"是合法的，且符合宪法，不但适用于欧几里得，并且具有普适性。

区划法的普适性得到认可，并被赋予了转化的能力。从此，除了得克萨斯州休斯敦，较大的美国小镇最终都推出了自己的区划法，从而失去了曾经的原真性。

---

21   Charles X. Zimmermann, mayor of Euclid, quoted by Toll (1969), 215.

22   Garvin (1996), 442.

23   *Brief and Argument for Appellee*, 78-79, 83, of Case Village of Euclid Vs. Ambler Realty Co (1926), 272 US 365, quoted by Toll (1969), 232-233.

第3章

滥用权力等于没有权力

阈值一直是城市规划的核心议题，不论是建筑的实体控制，或者是在建筑总平面、区划中的线性控制，或者是设定最大或最小值。城市所设定的一套阈值，既要代表公共利益，又要不削减私人意图，它的设定决定着规划是否成功和富有成效。一般认为，阈值的设定，是人为和残酷的，它会造成僵硬的边界。而它是否能够实现，取决于与环境的关联性和处理行为的灵活性。如果标准过低、过高，或出台过晚，会产生什么结果呢？

3.1 阈值设定的困难

"大众显然对高度非常关注。纽约 60 层的塔楼促使芝加哥建成了 70 层的塔楼。更严重的是，纽约 60 层的塔楼直接催生了马路对面的 70 层塔楼。"[1]

失去限高的动力

[A]
圣吉米尼亚诺的高贵

[L]
芝加哥，纽约市，
圣吉米尼亚诺

1255 年，意大利小镇圣吉米亚诺规定，城市范围内的新建塔楼，不应该比现有的市政厅塔楼高。

这个决定阻碍了城镇的迅猛发展，同时终止了从托斯卡纳（Tuscan）山坡上遥看 70 多个纤细塔楼的美景。

如今，依然屹立的只有 15 个了。

究竟发生了什么事？

过去几年中，雄心勃勃的贵族家庭竞相建设越来越高的塔楼。每增加 1 米的高度皆是其主人的优越社会地位的体现，而唯一的限制就是天空本身。

在依然流行的保护公众健康的口号下，个人向天空发展的权利被削减。其目的是防止高大房屋上的石头砸到下面的公民。这的确经常发生，因为当时的建筑技术条件，建筑高度的最大安全尚未得到保障。

尽管如此，以市政厅高度作为其他房子限高阈值的选择，是武断和粗心的：因为这个标准太低了！任何中等富裕贵族所建的房子都可轻松超越它。就这样，这个决定突然中止了贵族们以房子高度进行相互攀比的艺术运动。

建设热潮陷入了停滞。

在随后的几年中，由于对抗鼠疫，建设预算被以各种方式吞噬。与此同时，由于与佛罗伦萨的关系，这个镇的政治意义也被大大削弱。[2]

工程高度
[EEH] § 7.01-5

高度限制的设置依据，是那个时代工程学可能达到的最大高度。虽然某些建筑确实比它被许可的更高，但也不会高很多。工程高度 [EEH] 是当前建筑技术可能达到的最大高度。剩下的问题（尽管有相当多的关注了）是，控制建筑高度而不去控制房子建造的下坠物

---

1 Ferriss (1929).

2 Alexander Lehnerer (2007), *Tit for Tat and Urban Rules*, 376-379.

工程高度（Engineering Height）[EEH]

图 14　圣吉米尼亚诺图景及其相关的高度

是否明智。或许这样的规定会推动建筑技术领域的改革——钢结构可能成为意大利人的发明，而不是美国人的。

　　冠冕堂皇的"工程高度"不可能再适用于圣吉米尼亚诺了。事实上，它是 20 世纪初纽约和芝加哥对高层建筑讨论的产物。随着建筑可建造性的讨论，建筑经济可行性的问题纳入议题。钢结构的发明和它的标准颁布后（1889 年从纽约开始），建筑的最大高度不再被其承重能力和石材厚度所限。现在，高层建筑的技术可突破前所未有的高度控制：直到"收益递减转折"点为止（经济高度 [EH]，即在这个点上进一步增加的楼层将无法负担其成本，反而会大幅度降低利润）。[3] 首先，至关重要的是与效率和成本相关的垂直交通。1915 年，在政府以明确和全面的方式调节纽约建筑高度之前，电梯的高度最终决定了纽约公正大厦的高度，这座大厦有 38 层高。

经济高度
[EH] § 7.01-6

在繁荣和建筑高度循环中的落伍者

　　当时，芝加哥只能幻想其能或多或少地控制建筑物高度。在 1893 年，芝加哥被高层建筑爆炸性地入侵。当时的房地产危机体现在地产商延续了前几年的建房热潮，但出现了供过于求的局面。

[A]
房地产开发商

[L]
芝加哥，纽约市

3　Carol Willis (1995), *Form Follows Finance: Skyscrapers and Skylines in New York and Chicago*, 46.

政府立即作出反应：

推断以 130 英尺（约 40 米）为建筑限高——10—11 层，可以冷却市场投机和激烈的房地产市场，使城市摆脱危机。当时许多人猜想，新的限高规定源自现有高楼拥有者，他们的目的是维持已有高楼的利益垄断。但芝加哥市政府很快就认识到，他们的建筑限高 [FC] 规定抑制了城市发展。所以在 1902 年，他们稍微放宽了规定：高度限制提高到 260 英尺（约 79 米），而后来，由于写字楼的过度供应，又减少到了 200 英尺（约 61 米）。[4]

回想起来，这种即兴、不定期的标准化过程 [RC] 是一种使城市形态差异化的有趣策略。在一段时期内不断修改规则，会导致一系列的建设时态在局部地区叠加，几乎不可避免地产生了异构的城市形态。例如，1902 年的建筑直接矗立在 1893 年的塔楼旁，而这座塔楼又站在一座 1895 年的只有 10 层高的办公楼旁，等等。

除了不断变化的经济压力，芝加哥的例子还说明了监管的困难，特别是当千篇一律的标准遇到千差万别的城市环境的时候。而且这些冷酷的控制手段总是姗姗来迟。

事实上，最高的建筑物往往在房地产开发热潮结束时出现 [BOB]。[5] 在开发热潮的后半段，用地价格已上涨，开发者只能通过增加建筑面积和提高高度来保证投资回报。就这样，困扰开发者和支持者的投资热导致了数量远超实际需求的办公楼的形成。

三维天际线展示了中央商务区的高度和密度，它与经济景气周期的起落并不同步。因此，依赖形态改变的调控措施违反了与经济涨跌同步的规律。有时这使得管控完全是多余的，甚至有时候适得其反。

这种时序错位不仅发生在 1893 年的芝加哥。纽约也是一样，第一分区条例的全面高度限制，拖延到 1916 年的房地产危机的初期阶段才生效。

区划条例中，高度限制是第一个被推广到全美国的条款，这使区划的评论家看到了全部采纳这些条款时的情景。快速的变化遭到持续的监管———一种永久的相互关系。

4　Larry R. Ford (1994), *Cities and Buildings, Skyscrapers, Skid Rows, and Suburbs*, 31.
5　Willis (1995), 155.

图 15　平坦的城市。1857 年，芝加哥市中心鸟瞰

图 16　普遍的高度。1874 年，芝加哥市中心鸟瞰

图 17 高度重置。1916 年，芝加哥市中心鸟瞰

95

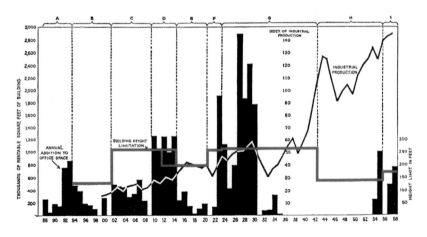

（A） 没有限制
（B） 限高 130 英尺（约 39 米）
（C） 限高增加到 260 英尺（约 79 米）
（D） 鼓吹降低限高而引起的建筑申请蜂拥而至：限高在 1911 年降低到 200 英尺，但在
260 英尺限高时期被批准的方案持续建设到 1914 年
（E） 在 200 英尺的限高时建设减少
（F） 限高恢复到 260 英尺
（G） 限高提高到 264 英尺（加上塔楼），建设活动在经济低迷前一直狂热
（H） 容积限制为地块面积的 14 倍
（I） 容积率限制到 16

图 18 1888—1958 年，芝加哥频繁更改且滞后的建筑限高

批判：来自德国的弗罗因德先生

[A]
弗罗因德

[L]
法兰克福，纽约

在移民到美国之前，恩斯特·弗罗因德（Ernst Freund）曾在海德堡学习法律，并于 1902 年在最近成立的芝加哥大学法学院担任教授。

他分别在 1911 年和 1913 年在美国的全国城市规划会议上演讲。每一次，他的信息都是相同的：美国和德国是不同的，这个差异应该受到重视。在美国，接纳德国区划原型的呼声越来越高，他却以相反的立场来回应。他强烈质疑，并认为美国不可能用同样的方式来管理。他用法兰克福与纽约进行对比，当时这两座城市的人口水平相当。在法兰克福，现在的商业区就在其历史的位置上；住宅区或其他片区的特征从来没发生过变化，当然一个新增的城市组团除外。但我们都知道，纽约已经深深地改变了，纽约的居住区首先成为商业区，而现在又成为工业区。换句话说，在德国，财产是保守不变的，而纽约则不是。因此在德国，区划意味着登记了永久性的条件；而在美国，则意味着给某个社区赋予某些属性，但随着时间推移，这个属性会消失。

"在这个国家进行物业开发，在我看来，是常人所难预测的。这是非常难以捉摸的，我并不相信城市议会有足够的智慧和远见指引这种开发。如果这个观察是真实的，目前最好不要赋予城市进行区划的权利。"[6]

前卫、先锋和逃离者

市中心的地价不断上升，且高于平均地价！若地价低，那仅是因为它被红线和区划所阻拦。

不管是不是先锋项目，美国城市中心区皆因几个开发项目而改变范围，进而引进新的空间。大型项目往往是显著的驱动器，它们壮丽地占据着各种边界区位。20 世纪 30 年代，洛克菲勒中心（Rockefeller Center）承担起先锋的角色，转移了城市焦点，并持续影响着崭新的曼哈顿中城。[7]

这种尝试也有不成功的案例，至少在起始阶段，这就是帝国大厦。它未能于 20 世纪 30 年代初在中城和华尔街之间的 33 号大街建立一个新的商业中心。

作家斯科特·菲茨杰拉德（F. Scott Fitzgerald）以美国局外人的身份，爬上了位于 33 号街与 34 号街之间的 102 层的庞然高楼。从它的屋顶望去，他描绘了位于都市胜利与死亡间的帝国大厦：[8]

"在废墟（股灾）中，帝国大厦就像莫名和孤独的狮身人面像一样矗立着。这正如我的习惯，爬到屋顶广场，举目远眺，以离开这个美丽的城市。我站在最后的、最壮丽的塔楼顶上。然后，我明白了，一切皆可解释：我发现了城市最大的错误，这就像潘多拉的盒子。充满自信和骄傲的纽约人已经爬到这里观望，他看到了从未察觉过的沮丧，这个城市并不是他想象中的延绵不断的峡谷，它是有边界的。从最高的构筑物，他第一次看到了城市从各个方向退化成乡村，进入一个无限辽阔的绿蓝空间。当可怕地意识到纽约毕竟是一个城市而不是宇宙时，他关于整个光辉大厦的想象轰然倒地。"[9]

即使没有周围蜂拥的模仿者，帝国大厦在这个临界位置的影响依然巨大，在城市的自我形象方面，或许也发人深省。如果将我们的视

[A]
帝国大厦，菲茨杰拉德，雅各布斯和洛克菲勒中心

[L]
芝加哥，纽约

6　Ernst Freund (1911), *Discussion*.

7　Willis (1995), 168.

8　Robert A. M. Stern, Gregory Gilmartin, and Thomas Mellins (1987), *Nets York1930:Archittctur and Urbanism between the Two World Wars*, 615.

9　F. Scott Fitzgerald (1956), *My Lost city*, 37.

图 19 帝国大厦第一次提供了外部观看平台

线从郊区掠过中心城区再到城市的边界，尤其是在注目邻近的高楼街景时，就会发现帝国大厦破坏了纽约的自我参照体系。建筑引导人们的目光，但帝国大厦只映照着自己。朝向超越了百老汇和华尔街的峡谷，朝向超越大基建节点之外的地方。这种认知，对作家、大萧条和战争时代的开发商或土地投机商来说一样有趣。办公楼的去中心化、空间上的不连贯，现在是可以被理解的，那就是因为它的壮丽选址。

峡谷状的地价高峰
[CAN] § 3.11

纽约相邻地区的不动产价值，无论是过去还是现在，都存在巨大的差异 [CAN]。在某些情况下，最高价格和与低于均价的空间只相隔了数百英尺。这种时空的错位使恩斯特·弗罗因德的批判更容易理解，但它是以相关的调控和行政机制为基础的。

在处理时间和空间的错位上，区划法的这种反应迟缓、走向一成不变的做法并不特别受欢迎，但却是标准的本质——它是一种多功能的城市规划工具。

作为正式的声明，区划所关心的是邻近区域的稳态特征，这通常被认为是可取的。这些严格的标准涉及人行道的宽度、逃生路线的布局，并把标准延伸至厨房工作台面的标准高度。

但是，这种标准化的指导文件也是有局限的，特别是当这些文件产生时所依赖的周边环境条件发生变化后，芝加哥再用这些工具进行高度控制，就堕入这种恶性循环。

标准的核心是利益控制，对特殊情况考虑得少。纽约等城市至今仍在思考这个问题，已经发现了一系列的解决方案。这些解决方案皆立足于普适性的指标。而那些特殊的指标则决定了城市的一致性程度。

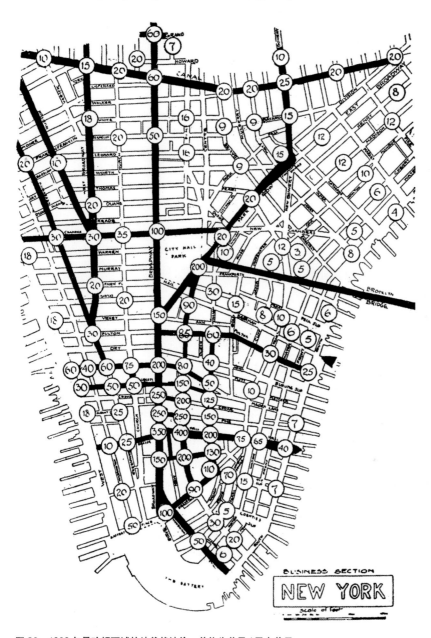

图 20   1903 年曼哈顿下城的峡谷状地价，单位为美元 / 平方英尺

通过在地理上划分特殊区域——所谓的特别区域 [SD]，城市经常打破自己的陈规。这些当地与众不同的内容决定了城市的特性：艺术区、文化区、保护区、商业区等，成为大都市的特征。

此外，指标变得可协商，从而具有一定的模糊性。上限和下限被转换成参考级别。对建造者而言，它们就像跨栏的栏杆。绝对的

特别区域
[SD] § 3.01

指标变成关系的指标，以比例的形式出现，本来互不相干的建筑要素和属性之间建立了联系。建筑层数与地块尺寸的关系被绑定，建筑高度超出许可的前提条件是要为公众提供地下通道的出入口。

不完全决定性——过于宽松的区划

常见的是，为了方便实现那些"还没被认知的价值"，限制性的指标被故意放松——在某种程度上，类似于购买一件大两码的衣服，即使体重增加了，10 年之后仍然可以穿。

这发生在 1916 年的纽约，并且在今天的亚特兰大也可看到。在亚特兰大的许多区域，CBD 的容积率为 80 也十分令人惊讶。

这意味着可以堆积起相当于地块面积 80 倍的建筑面积，层层叠加 [FAR]。因此，这个数字不是为限制密度服务，而是为公共关系服务，强调亚特兰大对于投资者的友好态度。

相比之下，曼哈顿中城现在容积率的最大值是 10，在特殊的情况下是 20。同时，在更早的时候，1916 年，当纽约的第一份区划决议被提出时，几乎没有考虑（至少根据评论家的说法）现在或者将来的发展方式。若按照区划的轮廓控制（根据纽约规划师提供的计算以及评论），1916 年的区划条例可以容纳五千五百万的本地居民，再加上 2.5 亿的通勤人口。用途分区及建筑体量的上限经常忽略已有的使用情况，导致现在超过一半的人口生活在区划中的非居住分区。[10]

回应大家的关注，纽约当时保留了一些灵活性——不管是有意还是无意——在其管理机制中有了一些回旋的余地。

理论上，建筑开发者的经济动机越接近指标，城市对私人开发的管控水平就越高。开发商越是努力地参与这种无休止的运动，城市的影响力就越大，而且建造者越能参与到城市品质的有益协商中，强迫执行只会产生反作用力。

从本质上讲，当设定指标的最大极限时，有可能会获得反向效果。以地块的指标为例：基准开发量限制应该是多少？如果容积率设置得太低，不管地块的大小和位置，都不能保证这些地块都有人愿意开发。

如果容积率设置过高，超过了开发者的雄心，或者比市场的需求更高，就会阻碍激励体系所支持的谈判 [PB]。在这种情况下，

10　Garvin (1996), 436.

指标的设定就失去了指导意义，城市需要很长的时间才能等到由私
人业主提供的公共设施。当指标的限制不再关键，它们会立刻变得
多余。因此，问题来了，如在高楼林立的环境中突然出现了加油站
或停车场，这些异动皆符合常规的区划标准，但开发强度远低于规
定的上限值。

有时候，这个问题在市区重建项目中表现得非常尖锐，在企业
家和资本家筹措大开发之前，加油站建设者可能已经把位置好的地
块占据了。同样的问题也出现在特别激励区，这些区域皆需要超出
常规的风险资金支持。[11]

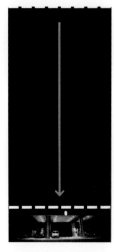

图 21　潜力的削弱：加
油站的问题

3.2　尝试并实现控制

土地保护
[LP] § 2.04

"将土地买下来是保护土地的最佳方式。"[12][LP]

这是威廉·怀特的观点，无疑会受到芝加哥的丹尼尔·伯恩罕、
纽约的罗伯特·摩西、巴黎的巴伦·奥斯曼、柏林的詹姆斯·霍布
雷希特（James Hobrecht）等人的一致认同。怀特的观点可能与功
能主义现代派的建筑师或城市规划者一致，虽然他的表达方式可能
不一样，但推论应该相同。

其他人也有过这样的经验：丹尼尔·伯恩罕试图以法国的林荫
道、广场、宫殿建筑来美化美国的芝加哥，但只取得了中等程度的
成功。他"热血沸腾"的规划[13]只有一部分成为现实——那些可由
城市自身直接执行或属于城市的部分，其中包括公共建筑和公园系
统。而涉及改造或控制私有财产的部分无一例外都失败了。结合伯
恩罕的 1909 年规划，对现代芝加哥地图进行布尔运算，即可发现
城市中顽固的私人物业，也可辨认出公共财产。更加引人深思的是，
芝加哥的官员在伯恩罕的中心路口建设了高速公路交叉口，而不是
市政厅。该处按最初的想法是建设一个公共广场，它是肯尼迪、瑞
安、艾森豪威尔高速公路和国会大道的交会处。这里几乎变成了芝
加哥步行最不友好的地方。

11　Daniel R. Mandelker (1970), *The Basic Philosophy of Zoning*, 18.

12　　William Hollingsworth Whyte (1968), *The Last Landscape*, 54.

13　Daniel Burnham (1907).

改变的动因

看一下投资量，就可以知道是什么在推动城市的改变了。1914年的纽约城市规划委员会曾明确地表示，城市规划专业的实际任务是控制这些私人力量。

"综合的城市规划至关重要。城市可能会花费数以亿计的财富，在未来30年对公共环境进行改善。此外，在同一期间，业主将花费数十亿美元改善其持有的资产。制定城市发展策略时，需要把支出的效益最大化，以帮助城市持续升级、变得更加强大——包括强大的商业、工业，着眼于市民的舒适和健康——这为城市规划提供了机会和灵感。"[14]

破坏

但是，当涉及这种综合规划时，美国城市的网格布局却仅能提供有限的帮助。从结构上来讲，网格破坏了城市的控制原则。**[VSR]** 网格状的城市结构使街区不再是连续的周边围合式形态，失去了以几何形状管控城市形态、建筑间关系的机会，例如，相邻建筑间的联系削弱，难以产生视觉连贯的轴线，甚至难以形成弯曲的街道。

地块的独立性原则
[VSR] § 5.02

这使街区、建筑间的相互关系变得微弱，导致工程师直接对街区进行控制：设想所有的指标是相互关联的，若其中一个指标可允许自由裁量，则可以间接地控制街区的所有要素。[15]

另辟蹊径

在芝加哥，如果伯恩罕与他的支持者要以高额赔偿实现连续的建筑退线，那么1926年，在欧几里得的规划裁决背景下，公共健康、公共安全和社会福利就足以成为理由了。

其执行力是相同的，只是说辞不一样。现在，在警察权的支持下，综合区划已经抵消了网格状控制的弱点。

看看纽约第五大道沿中央公园方向的建筑，美国的街块已不再是自由生长的了。在这里，区划条例统领了整条大道的设计——它气势强烈，复制着巴黎奥斯曼男爵的专制愿景。

终于，他们机械地把用地细分为各种规划类别，并显示出非自

---

14   The City Of New York (1914), *Development and Present Status of Planning in New York City*,12.

15   Kevin Kelly (1994), *Out of Control: The New Biology of Machines, Social Systems and the Economic Word*, 121.

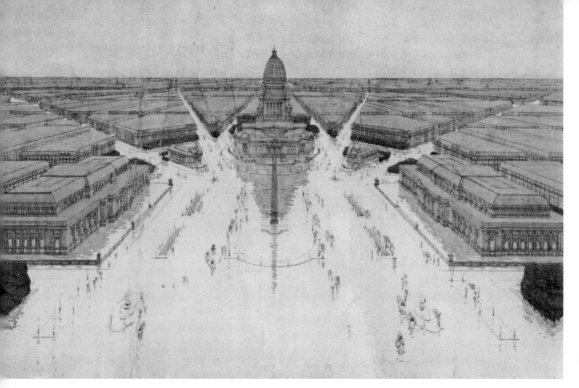

图 22　伯恩罕构想的芝加哥市民中心和公共广场，1909 年

图 23　相同的位置，今天芝加哥的圆形枢纽

图24 第五大道的区划导向形式

愿的或行政色彩浓郁的城市愿景。用地分类通常受其特征创造者所影响，并与这些创造者的气质相关。这里，眼光长远的人与按部就班的人不一样：

一方面，他们有强烈的个性——他们中一些甚至是建筑师——提出了令人信服的愿景。我们知道他们的名字——连他们的姓氏都是熟悉的。诸如，丹尼尔·伯恩罕、埃德蒙·培根（Edmund Bacon）、勒·柯布西耶、弗兰克·劳埃德·赖特（Frank Lloyd Wright）和路德维希·希尔伯斯海默（Ludwing Hilbersheimer）。柯林·罗（Colin Rowe）曾经拿狐狸与刺猬作为比喻，这是一个关于刺猬的问题，"刺猬对一件事情的了解很深，这与狐狸相反，狐狸对许多不同的事情都有一些了解。"[16] 显然刺猬的行动非常自由。而规划则处于它们之间："不要做小规划，因为它们不具备能触动人灵魂、血液的能力，也许它们自己都会被忽视和遗忘。要做就做大规划，登高望远并辛勤工作，永远记得一个合理、有效的大设想一旦被提出，便不会消亡，即便在我们肉体消亡之后，它也会坚而不殆，生生不息。"[17]

另一方面，行政官员对城市缺乏愿景，只想去识别政治意图。大家并不知道这些官员的名字，例如，上述所提及的1914年的纽

图25 狐狸与刺猬

16　Colin Rowe citing Isaiah Berlin, Der Igel und der Fuchs, p.51 in Colin Rowe and Fred Koetter (1978), *College City*, 132.

17　虽然这句话没有明确的来源，但它通常被认为是丹尼尔·伯恩罕说的。在1918年韦利斯·波克（Wills Polk）送给爱德华·本奈特（Edward Bennett）的圣诞卡上，这句话被标注成引自1907年的德莱斯巴赫作品。见 Garvin（1996），504.

约城市规划委员会。

他们难以成为独立的历史名人，并把个人隐藏在城市身份的背后。不过，也有城市建筑的木偶大师。标准、规范和条例，是他们的无形引线。默默地，他们将整个城市变成那只刺猬，包括曼哈顿、加利福尼亚州的圣巴巴拉等。

克制：圣巴巴拉！

这个城市毗邻太平洋，距离洛杉矶北部大概 2 小时车程。它的历史较短，但跌宕起伏：从教会时期到牧场时期，再到维多利亚时代，并于 1925 年发生了一场强烈地震。

今天的圣巴巴拉，并没有给人留下过去这三个时期的印象。[CMO]

城市美化
[CMO] § 7.04-1

基督教堂、西班牙军事哨所、圣巴巴拉皇家流放地等，建于 18 世纪 80 年代。随后是原住民丘马什人的被殖民及被基督化的历程。这里由西班牙统治到 1822 年，直到 1846 年加利福尼亚一直是墨西哥的领土，随后上校约翰·弗瑞曼（John Frémont）将圣巴巴拉纳入美国领土。[18] 农牧业在此期间更显重要。牧场时代没有永久改变居民的生活方式。马、放牧场、家畜放养等都比五光十色的城镇生活来得重要。

内战后，圣巴巴拉开始逐渐改变。很快，维多利亚式建筑的数量超越了西班牙殖民风格的建筑。通过海上通道和日益增加的港口，越来越多的人从东部迁来。农学家很快发现这里的气候适合万物生长。但这个时期的动荡和试验的氛围导致了混乱。

一个典型的尘土飞扬的美国城市正在生长。

1925 年的大地震摧毁了这座城市，但并不彻底。居民发现，大部分的维多利亚式建筑、棚屋、木构建筑等被烧毁，而一些西班牙殖民时期的石头建筑得以幸存。突然，这唤醒了大家对城市历史追溯的觉悟。

这场自然灾难过后，通过区划条例，圣巴巴拉市中心被赋予了独特的西班牙殖民风格。每一个新的构筑物都以传教士原型的形式和材料来建造，在美国里维埃拉长达一个世纪的时间后，"圣巴巴拉传教风格"的都市主义再次出现（或延续）。圣巴巴拉还采取了额外的预防措施，以抵制非殖民风格的视觉污染，例如，市政厅禁止设置广告牌，迄今为止，这对美国城市来说是罕见的。

18　Benjamin Brooks, C. M. Gidney, Edwin M. Sheridan (1917), *History of Santa Barbara, San Luis Obispo and Ventura Counties, California*.

图 26 风沙肆虐的小镇，圣巴巴拉，1914 年

几十年来，通过行政干涉的手段，城市愿景已被清晰地描绘出来。在旅游指南中，我们读到：西班牙的影响力仍然明显，特别是在圣巴巴拉的建筑上。是"仍然"呢? 还是"变得"呢? 在进一步的景点介绍中，我们读到："圣巴巴拉法院建于 1929 年，这个灿烂的白色建筑重现了西班牙宫殿的意象。圣巴巴拉的建筑风格体现了旧世界的优雅。建筑里面全是细节，如铁艺灯、瓷砖的走廊、迷人的壁画等，它们讲述着小镇的历史。若要看壮丽的景色则要爬上钟楼。"[19] 这种独特的建筑风格，在圣巴巴拉的建筑规范中有详尽的描述!

第一阶段：几乎平行地发生

[A]
伯恩罕，地震，火灾和雷恩

[L]
旧金山
伦敦

1906 年，圣巴巴拉以北 330 英里发生了同样大规模的地震，使旧金山的相当部分面积变成一堆废墟，这次的破坏是巨大的。就在一年前，伯恩罕还为这座西岸城市制定了发展愿景，使其成为容易理解的规划项目，并且与奥斯曼风格完全相同，与他在 1909 年设想的芝加哥类似。然而，在伯恩罕规划出台前，旧金山潜在的反对者们已经见到了自己物业被地震摧毁的情景。推倒重来——就像圣巴巴拉的历史一样! 经历大灾害后，在滨海建设山地巴黎的道路

19 The City of Santa Barbara (2008), *Attractions Guide——the Courthouse*.

图27　克制：圣巴巴拉法院

被铺平了。大家为规划的实施启动了政治游说，仅伯恩罕 1905 年的报告就印刷了 3000 份。但命运没有眷顾他。这些报告几乎都被 1906 年 4 月 18 日的自然灾害烧毁。对于有效的游说来说，8 个月的时间确实太短暂。同样具有决定意义的是，当时还没有建立成熟的法律和政治机制，还没有一个《综合区划》，而这个《综合规划》可以转变为《综合区划》。作为一个被广泛认可的机制，区划能够顺利地把伯恩罕的愿景转化成普适性的规则；区划的制定速度可以很快，并成为 28000 栋被摧毁建筑的紧急重建指引。[20] 如果旧金山的地震推迟到 20 年后，我们今天在加利福尼亚州太平洋海岸上可能会看到一个法国式的城市，而且就在西班牙风格地区的旁边。

　　丹尼尔·伯恩罕在 1906 年的旧金山，与克里斯托弗·雷恩（Christopher Wren）在 1667 年伦敦面临的情况一样。那年的大火灾后，伦敦当局决定沿用较早的中世纪的街道布局，而不是采用雷恩的全面重建规划。这并非因为城市后来需要对城市规划进行修改，而是因为其颁布了 1667 年的《建筑法令》。该法令对建筑形态、建筑特色有较严格的规定，并严控早前易燃建筑材料的使用，并且对整个伦敦的建筑限高规定为 4 层。直至 19 世纪也只有公共建筑可以突

20　Mel Scott (1985), *The San Francisco Bay Area: A Metropolis in Perspective*.

破该高度——并且若没有特殊批准 [MS]，最高高度只能为 30 米。

均质

并不是所有在城市空间中追求视觉同质化的规则都是出自同质化这个目的。在这方面，巴黎——伯恩罕的法国模式——比奥斯曼和拿破仑的要求更高。这也是路易十六的城市。

那个时候的巴黎，以住户对爬楼梯的意愿作为参考标准，开发者建房子一般不会超越这个高度 [5SP]。多年来，这一高度一般稳定在 5—6 层左右。在 1784 年，这种从实际需求反推回来的高度被纳入了正规管理。路易斯把平顶的建造习惯变成条例，规定巴黎的屋檐高度不能超过 17.5 米。事实上，建筑物可以在这个基础上再增加 4.9 米，但需要在规定的屋檐高度上进行 45° 的仰角退缩

[SB]。[21]

两个世纪后，以城市设计原则构思的斯图加特白院聚落（Stuttgart Weissenhofsiedlung）中（延续 1893 芝加哥世界博览会的传统，努力保持城市外部空间的同质性），德国建筑师路德维希·密斯·凡·德·罗（Ludwig Mies Van Der Rohe）使用两个基本规则：所有建筑物必须是白色的 [CS,CW]，且都有一个平顶 [FR]。[22] 这两个规则平衡了外在标准化和内在自由创造性之间的矛盾。外表平凡，内涵丰富。

与此同时，柏林的规定是 22 米 [BB]，这是德国城市内院街块（柏林公寓）的最高屋檐高度。这个高度限制是使柏林城市形态保持一致性的本质特征。作为 1853 年《建筑警察条例》的一部分，最大建筑高度的设定主要是出于消防部门的考虑。在这种情况下，潜在的人口过剩、开发过度、公共卫生等，皆不是关键问题。维尔纳·黑格曼（Werner Hegemann）的图纸和解释证实了这一点。他的平面图、立面图和透视图，皆说明了 1853—1897 年的普鲁士建筑条例。它们描绘了一个公寓街块模式，以 22 米的高度围合出约 29 平方米的内院（5.34 米 × 5.34 米，相当于当时消防水喉需要的最小宽度），侧翼有 56 米长的无窗防火墙，7 层高。户均 1.5 人，抛开厨房面积，黑格曼计算出一个典型的柏林公寓楼可容纳 325 人。由于每户住 3

21　Francois Loyer (1988)，*Paris Nineteenth Century: Architecture and Urbansim*, 129, 234, 407-408.

22　Richard Pommer and Christian F. Otto (1991), *Weissenhof 1927 and the Modern Movement in Architecture.*

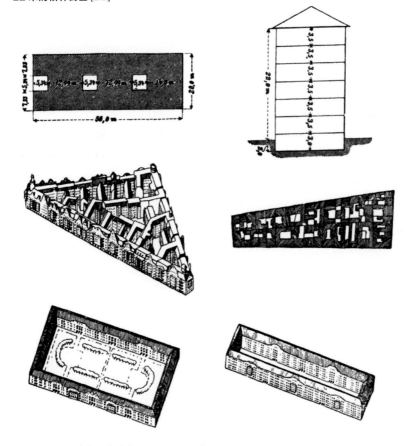

图 28　柏林公寓街区的演变，1853—1925 年

人的情况非常普遍，这种公寓容纳上千人是可能的。詹姆斯·霍布雷希特的 1862 发展规划中，提出了进深更深的街块，可容纳的人口就更多了。让人又爱又恨的柏林公寓，就是这样从公寓建设条例和发展规划（地块大小和建筑控制线都是标准化的）中演变出来的。

　　提到街道立面，黑格曼谈到立面朝向时讲过：在庭院内部，在 1853 年的建筑条例中，若街道宽度超过 15 米，则其建筑高度可达 15 米。若街道宽度小于 15 米，则建筑控高为街道宽度的 1.25 倍。然而在大多数情况下，建设的实际情况预示着，内院的檐口高度也决定了街道的立面高度。因此，街道的高宽比的理论关系，并非纽约的发明 [SSR]，普鲁士实际在 80 年前就已把它标准化了。虽然动机不同，巴黎、斯图加特、柏林都拥有同质化的城市形态。在第一个例子中，是一个有关舒适度的问题；在第二例子中，是一个有关建筑美学的问题；而在柏林，这是一个消防最大范围的问题。

建筑退台街道化
[SSR] § 4.13

第 4 章

被法则编码的美学

对美与丑进行评价是一件十分困难的事。而在此评价的基础上制定普适性的规则，则非常容易产生新的问题。美的概念具有鲜明的主观判断特征，因此面临着非常发散的公众立场的挑战。

下面要讨论的，是尝试为建成环境营造视觉秩序的问题。第二部分则聚焦市中心的视觉秩序及其美学原则。

图 29　有序的、重复的、连续的和不连续的建筑

4.1　控制与（视觉）秩序

观感有序的城市

城市是一个为纠错而设的永恒喜剧舞台，其主题是控制、统一和秩序。城市设计的愿景则是一幅困惑的拼图：统一秩序、控制统一、统一控制……这些术语的语义相似，难以区分。"秩序"，同时也涉及过程和结果。

[A]
伯恩罕

[L]
芝加哥 1893 世界博览会

积极实践的规划控制源于不同的动机。有时候，这些控制隐藏着权力的专横欲望。有时候，基于可推广的目标，期望以建筑秩序创造社会秩序，在城市中设计一个功能均衡的现代社区。在某些情况下，控制是在履行保障公共利益和公共卫生的义务。控制亦是为了在自身与他人的意象中，形成整体特色的认同（圣巴巴拉）。另外，还存在着源自满足美学表达的欲望。

然而，不管源于何种动机，规划控制皆有强烈的视觉表现，并以可识别的规范秩序进行表达。这对结果有重要的影响。

北美的城市网格并非结构性的，而且很少被明显的结构形式所主导。

然而，现实逐渐呼唤规划的秩序化。如有必要，城市网格可以被弱化——至少，这些呈直角的"城市荒漠"[1]可以交织起来。作为一个内在的、被认可的城市规划学科特征，视觉秩序在 1893 年的芝加哥世界博览会及其相关的城市美化运动中作为典范引进美国。

实际上，世界博览会就是一个有着完美秩序的迷你城市。它是一个现代城市的陈列柜，展示了未来城市的标准化基础要素。在一个仅有 2.5 平方公里的区域中，完全覆盖了供水、排污、消防及公共安全部门。200 多栋建筑都有完备的电力支撑[2]，还配置了电话线路和一条高架铁路。最后，所有建筑都连贯地融合成一个整体。不仅是法式轴线的沿线建筑，所有建筑的立面色彩都被统一了。以名誉法庭（法文：cour d'honnerurs）为例，建筑师还设定了统一的 18 米屋檐高度 [SB]。

建筑退缩
[SB] § 7.02−1

面对陈列于建筑中闪亮的科技成果，观光者难以从中抽取统一的城市意象或建筑语言。但从中传达出的信息是：现代城市是有序的。

尽管这样，伯纳姆从没亲眼见过奥斯曼帝国的地面世界，更不

1　Leslie Martin and Lionel March (1972), *Urban Space and Structure*, 14.
2　Garvin (1996), 507.

图 30　视觉有序的城市：1893 年芝加哥世界博览会

用说其地下空间了。[3] 话说回来，建筑的秩序和基础设施的秩序（指的是它们的效率高，但不可见）是密不可分的，并最终会成为城市的努力方向。

特色混乱的美

要扰乱一座城市并不特别困难。通常，这依赖于对特色混乱的偏执追求。在全球竞争白热化的环境中，当今城市正受到各种戏剧性的干扰。城市画面呈现出戏剧化的自我表达与暗示，追求着夸张与兴奋的体验，并对外在吸引力有着过度的关注。

在大部分情况下，这些强制的行为以过度严谨的方式进行自我表达，伴随着深深的疑虑、过度的谨慎，暗示着其他人必须遵守同样的规则，并几乎拒绝其他人的任何行动。

不惜一切代价地强制提升外在吸引力，在圣巴巴拉表现得淋漓尽致。这只丑小鸭努力地蜕变为漂亮的西班牙美女。如此苛刻的规则制定，通过彻底翻新追求的完美主义，在城市重建项目中并不多见。圣巴巴拉最神奇的地方在于，所有人达成了共识，美丽的愿景得到了所有人的认同，西班牙式的审美观成为这里的公共审美观。[CMO]。

在《上帝的垃圾场》（*God's Own Junkyard*）一书中，彼得·布莱克（Peter Blake）在这一主题上记录了 1954 年美国最高法院的决议："立法机关有权决定社区应该是美丽的……[RTB]"[4]

城市改造
[CMO] § 7.04–1

审美权
[RTB] § 1.03

3　奥斯曼在他的林荫大道下有序地安排了功能性的管道系统。在已经建成的巴黎，这种地面与地下空间的相互适应是几乎可行的，甚至成为必然的关系。但芝加哥世界博览会的新规划并非这样。

4　Peter Blake (1964), *God's Own Junkyard: The Planned Deterioration of America's Landscape*, 140.

然而，悬而未决的问题是谁来决定美丑，同时是否值得去制定一个具体的理想美的法则。

如今很多法律维护者都认同，美学标准不能通过法律途径来建立。原因显而易见：美的标准从来都难以获得共识，且难以被客观地推广。它是一个相对的概念，依赖于个人的品位和观点。

"美"一词实际上并不存在于建筑本身。相反，它通过反复陈述进行自我表达。这些品位的表达，通常依附在具体法令的派生或外部文件中。

1960年，凯文·林奇支持美学导向下的城市规划：

"这些塑型或再塑型应遵循城市或区域尺度的'视觉规划'：一套在城市尺度对视觉形态所进行的建议和控制。而这种规划，应该基于该地区的现状城市形态及公共意象的分析。（……）

单纯的美学评判很难成为大规模物质性改变的原因，除非是在战略上的考量。但若其他原因引起了物质性的变化，视觉规划则可以对之产生影响。（……）

在城市尺度实现视觉形态控制，手段可包括区划法的制定、设计审查、对私人开发的设计游说、在关键节点实施严格控制，并对道路公共建筑等公共设施实施主动设计等。"[5]

对于凯文·林奇而言，大众审美试图与私人开发保持一致这种事情看起来似乎合理且合法，但实际上是一个非常困难和不确定的问题。

吉恩的废品场

从1972年开始，吉恩·克兰德尔（Gene Crandall）就经营着废品回收——或直截了当地说，一个废品回收场——位于纽约州门茨镇（Mentz）的拜伦港。即使不能从街上看到，镇政府还是于2000年要求吉恩建造一个围墙，以遮挡废品场 [JFO]。否则，他的营业执照将不能再续期。经过与政府的多番磋商，克兰德尔开始用起重机沿着地块边界堆砌废旧汽车，被剥去轮胎的汽车一辆叠一辆，包含各种想象得到的品牌和颜色。沿着场地边界的围墙一点点地建成了，形成一面色彩斑斓的废弃汽车墙。这面"围墙"有四分之一英里长，并拥有自己的大门。当地政府为此大发雷霆。但是公众的感觉却不同："它们（那些汽车）很有流行感，完全在产权线

[A]
克兰德尔与汽车局

[L]
拜伦港

废品场围墙法令
[JFO] § 6.15

5　Kevin Lynch (1960), The Image of the City, 116

图31 《废品场围墙法令》的必然结果

内堆积起来"[6]克兰德尔先生说。对于很多路人来说，汽车堆砌不只是一面简单的围墙，更是一种工业艺术。他甚至认为，他无意间的创作甚至可以出售。作为一面围墙，它回应了汽车局（DWV）的废品场法令："当镇政府找我算账的时候，州政府认为我有权利这么做。"[7]《废品场围墙法》并没有明确规定围墙要使用的确切材料。有好看的围墙，也有丑陋的围墙，但是至少在这一情况下，纽约州政府能对这个问题保持超然的态度，提供了一定的解释余地。

长头发

[A]
肯尼

[L]
布法罗

斯蒂芬·肯尼（Stephen Kenney）与妻子居住在纽约州布法罗市郊的肯莫尔。1984年9月的一个早上，他漫步穿过前院高高的草丛，来到他的信箱前。这种信箱在中产阶级住区中很常见，里面是一封传唤他下周去本地法院参加听证会的信。

一年前，他也收到过类似的信件。他因花园中的植物而被传召出庭。或者更确切地说，因为他那些未经修剪的草坪，明显违反了村庄房屋准则中庭院维护的规定[YM]。该规定明确表明，种植多样的矮树丛可能是"对健康有毒或者有害的"。

庭院维护
[YM]§5.12

就在此后不久，他在开满花的小草丛中央竖起了一个标志牌，写道："这个草坪不是懒惰的结果。这是一个在上帝意愿下自然生长的院

6 Gene Crandall, quoted by Carol W. LaGrasse (2002), *The wall of Cars*.

7 同6。

子。它不是一个蚊子或害虫的繁衍地。它永远不会成为如收割机、草食动物或大卡车般的噪声污染源，也不会对外界流出有毒的杀虫剂。"[8]

在那段时间，当时 30 岁的斯蒂芬·肯尼就开始蓄发。

然而，邻居们并不关心肯尼的个人外貌，反而更关心他的房产状态。他们关心潜在的安全风险，也担心 3 英尺高的草坪会成为啮齿类和昆虫的庇护所。自相矛盾的是，不少表达这种担忧的邻居是当地奥杜邦协会（Audubon Society）的成员，该协会经常出版一些鼓励花园自然生长的文章。

在肯尼的 6 米 ×6 米的花园中，生长着 36 种不同品种的野花，它们的种子威胁着邻居绿油油的、整齐修剪过的草坪。基于此，肯尼被指控违反了条款，该条款明确规定居住建筑需保持一个"理想住宅应有的物业特征"。[9]

但什么是我们理解的"理想的居住环境"呢？"房屋的外表是这个案例的主要部分，"村庄的律师魏克塞（Viksjö）先生评论道："该物业与住宅小区并不相容。"[10]

尽管有许多信件支持，斯蒂芬·肯尼最终还是输掉了官司。但法官减少了将近 30000 美元的罚金，最终罚金仅为 100 美金。

在这个决定宣布前不久，一个邻居向《纽约时报》评论道："我只是希望他们不要将他送入监狱或判以类似的惩罚！否则他就会成为一个烈士，最后环保人士很可能为他的荣耀而立起杂草纪念碑。"[11]

人造野草

圣巴巴拉简单地禁止了所谓的"野草"。虽然文丘里（Venturi）觉得这些"野草"无伤大雅，但对于雷纳·班纳姆（Reyner Banham）而言，它们绝对是控制缺失的体现。这里指的自然是典型的美国产物：广告牌。

[A]
班纳姆，布莱克和斯托弗

[L]
帕塞伊克市，圣路易斯，马萨诸塞州

1996 年，在去洛杉矶范奈斯（Van Nuys）的旅途中，班纳姆（Banham）把它们称作"一片粗糙的灰沙漠中唯一的活力标志"。[12]

广告牌作为美国城市的奇特要素，充满了批判与赞同。摄影家埃德·拉斯查（Ed Ruscha）曾拍摄了一系列的广告牌，像极了彼

8　The New York Times Metropolitan Desk (1984), *Man to Defend His Unmown Lawn in Court*.

9　同 8。

10　同 8。

11　同 8。

12　Banham quoted by Art Seidenbaum, in a 1966 *Los Angeles Times* article.

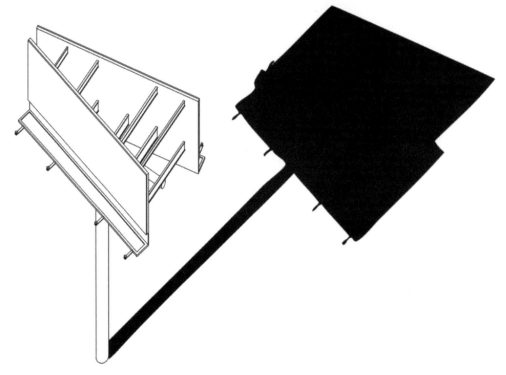

图 32　声名狼藉的公共艺术画廊

得·布莱克的《上帝的废品场》(*God Own Junkyard*)一书中的艳俗插图。19 世纪 60 年代，人们对这种"公众艺术画廊"[13] 展开了一场激烈的争论。当其他人砍倒树木，露出广告牌上的标语时，反对方则要推倒广告牌。

班纳姆透过他的英式眼镜观察到迷人、无限制生长的广告牌现实。这实际上是持续了一个多世纪激烈争论的结果，且经常是在法庭中进行的。意见的分歧集中在，以美学考量去控制私人的商业利益，是否能成为约束性的法规。在许多情况下，为了有效地推动审美目标，必须借助其他辅助性论据。

美国法庭的态度，在过去一个世纪中经常改变。

在 20 世纪的头几年，广告牌并未因美学考量而遭遇审判。

1903 年，新泽西州的帕塞伊克市（Passaic）试图对广告牌进行管理，但马上被法庭裁决叫停了。在回应广告牌法规中 3 米后退和 2.5 米限高的规定时，法庭反驳道："美学考量是奢侈和放纵的问题，而非必要性的，只有必要性才能证明警察行使权力可以无偿占有私人财产。"[14]

13　Burr L. Robbins, who was president of the General Outdoor Advertising Co. Inc. in the 1960s, quoted by Blake (1964),11.

14　City of Passic Vs. Patterson Bill Posting(1905), 72 NJL285.

从中传达出来的信息十分明显："好看即是奢侈"。

但在接下来的几年，随着投诉的增加，导致了对美学评价标准的提高。这些评价一般只出现在极端情况。一些老原则被沿用了。1913年，圣路易斯（St. Louis）颁布了《广告牌控制条例》（*Billboard Control Ordinance*），但其目的并不是城镇美化，而是为了保护公共健康、安全以及道德。它认为广告牌除了增加火灾隐患外，也为非法行为提供了藏身之处，罪犯可藏在后面伺机等待被害人。[15]

仅仅过了20年，1935年，马萨诸塞州对其标志牌的管理进行了详细说明。该州在公园300英尺（90米）的范围内和公共道路50英尺（15米）的范围内禁止所有标志牌。并解释"我们相信，对自然风景和历史景点的保护会得到充分的支持。对风貌和适宜度的考量，可能是授予和拒绝广告设备位置许可证的适当做法"。[16]

所有的一切都相当含糊不清！1963年，韦伯斯特·斯托弗（Webster Stover）夫人不得不去正视这一事实：她违反了当时的大众审美。她与市政当局的要求相悖，在前院挂起了一条晾衣绳，此外还有架子、旧制服、内衣裤和稻草人。基于美学原因，在前院挂起晾衣绳是被禁止的。但斯托弗夫妇并无丝毫困扰——在接下来的五年，他们甚至增加了一条晾衣绳。

最终，宪法赋予的言论和意见自由并没有给斯托弗夫妇任何帮助。晾衣绳必须取走。法庭对他们的辩护置之不理，认为单纯的美学考量是理由充分的，并且解释道，"这种行为是对普通人视觉感受的冒犯，有降低社区质量的倾向，且会降低房产的价值。"[17]

这再一次明确：法律具有普遍的有效性，并且它对某些事情而言很重要！

这似乎存在一个统计意义上的界限，一个用于区分"美丽"与"丑陋"属性的平均值。当低于该界限值时，社区的整体视觉就处于风险状态（低于该值，即为丑，高于该值，即为美）。

现在，许多地方正使用这种视线保护条例防止视觉污染。广告牌被认为"天空的废物，棍子上的垃圾，或是美国高速公路上的废弃邮件"[18]——它们很难再被立起来了。然而，在休斯敦这样的城市，这种条例只影响了10%的区域。

---

15 St. Louis Gunning Advertising Co. VS. City of St. Louis (1911), 235 MO99. Appeal dismissed, 231 US 761 (1913).

16 General Outdoor Advertising Co. Vs. Department of Public Works (1936), 289 MA 149.

17 People Vs. Stover (1963), 12 NY 2d 462. Appeal dismissed, 375 US 48 (1963).

18 Scenic America (2008), *Background on Billboards*.

翻天覆地

[A]
广告牌

[L]
拉斯韦加斯

如果沿着 15 号州际公路（Interstate 15）行驶，陪伴司机们穿过内华达沙漠（Nevada Desert）的是一系列巨大的广告牌，它们以 250 米为间距，在地面上投射出巨大的影子，引导游人们进入一个集镇。这个镇的建筑质量取决于楼房上广告牌的大小。[19] 拉斯韦加斯是世界上最大的广告牌温床。这个镇对理想美的推崇与上述城市截然不同。在其他地方被视为丑的东西在这里则被认为是美的。到达拉斯韦加斯后，人们可能会自言自语地说："巴纳姆那全面控制的嬉皮幻想终于实现了。"[20] 但这将是一个错误的假设。在这里，由于缺乏对基本通则的遵守，统一的风格难以实现。但《拉斯韦加斯建筑与区划法》（*The Las Vegas Building and Zoning Code*）与其他的法规一样全面。

每个人对图 33 都十分熟悉——罗伯特·文丘里将之命名为"我是一个纪念碑"，副标题是："对纪念碑的建议"。[21] 所有计划在拉斯韦加斯建造纪念碑的人都需要参阅 70 页厚的 "标志标准 19.14"（Sign Standard Chapter19.14）。但这个导则只包含了建议性的指引。

韦加斯的灯饰
[VL] § 7.04-3

乍一看，这是一个正常标准的问题。但细读之后，最大值似乎与最小值混淆了 [VL]。这里要干预的，不是霓虹灯的最大可能上限，而是要求建筑物立面至少有 75% 的外墙采用霓虹灯招牌！

在这个镇上建造一座外观普通的建筑是违法的。

沿街设置的广告标志其实大同小异。有后退距离、最大高度和最小高度以及照明强度的控制要求。这是强权下的欢愉！

除了文丘里和斯科特·布朗（Scott Brown）的《向拉斯韦加斯学习》（*Learning from Las Vegas*）外，《拉斯韦加斯建筑准则》（*The Las Vegas Building Code*）也是值得阅读的。这是排解他们无限热情的一剂灵丹妙药。

1-866-认养公路

[A]
公司和个人

[L]
美国高速公路沿线

赞助志愿者: 在国家公园或者其他禁止广告的保护区域，会发现一种广告牌。在这些地方放置私人广告是被明令禁止的。这就是联邦 "认养公路" 计划的标志 [AAH]。这项计划结合了两大诉求: 美国整治高速公路的公共利益，以及私人广播或广告的需求。个体和组

认养公路
[AAH] § 4.04

19 From Tom Wolfe (1969), *Electrographic Architecture*, 380-382.

20 Reyner Banham et al. (2000), *Non-Plan: An Experiment in Freedom*.

21 Robert Venturi, Denise Scott Brown and Steven Izenour (1972), *Learning from Las Vegas*, 156.

图 33　依据文丘里和斯科特·布朗的意见建造的纪念牌

织要么自己打扫路边的垃圾，要么与一家保洁公司签约维护某段公路，平均长度是 2 英里。作为一种补偿，这些对公共利益作出贡献的人会得到奖励——可在高速公路沿线公开展示蓝色或绿色的标志。

　　可以发现，当个人行动涉及公众领域时，会呈现出一种过度开发的倾向，就像加勒特·哈丁的《公地悲剧》(*Tragedy of the Commons*)[TOE] 一样。本地公司与普通市民一起共同资助高速公路，与此同时，包括迪士尼（Disney）、威瑞森（Verizon）和索尼（Sony）在内的大型企业也出现在这些标志上。干净的环境以及与政府机构的联系，使这些出现在官方标识上的公司商标更有价值，更吸引人。中间商，如认养公路公司（*Adopt a Highway Corporation*）公开向企业销售广告，并在州际公路和其他主要公路上做商业广告，以便其他公司来认养公路。

过度开发的倾向
[TOE] § 1.08

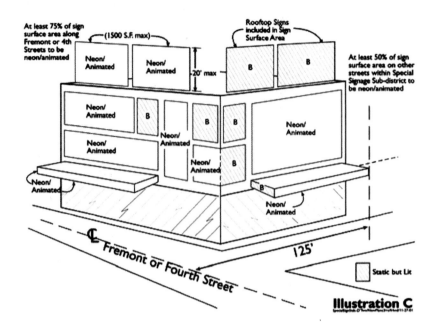

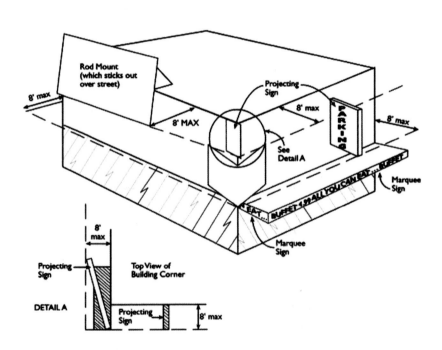

图 34 ······按照《拉斯韦加斯区划准则》(*Las Vegas Zoning Code*) 建造纪念物

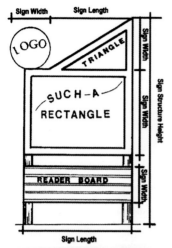

Signs constructed of individual elements shall measure the overall sign display by determining the sum of the area of each square, rectangle, triangle, portion of a circle or any combination thereof to create the smallest single continuous perimeter enclosing the extreme limits of each word, written representation (including any series of letters), emblems or figures of similar character including all frames, face plates, nonstructural trim or other component parts not otherwise used for support.

The smallest continuous perimeter that encompasses the entire coherent message is used, in this case, the words making up the message are intentionally spread far apart.

The smallest continuous perimeter is used that encompasses the entire message, in this case the perimeter is adjusted for the smaller height letters.

图 35　发光字

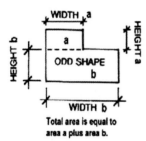

Total area is equal to area a plus area b.

In the case of an odd shape, calculate the smallest regular geometric shape (triangle, rectangle or circle) that encompasses the perimeter of the sign and add the areas together for the total area.

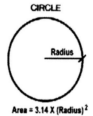

CIRCLE

Area = 3.14 X (Radius)^2

Spherical Sign

Spherical signs areas are calculated as if they are circles: 3.14 X (radius)^2

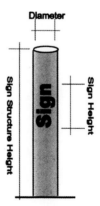

The area of a cylindrical sign shall be the diameter multiplied by the height of the cylinder.

图 36　特殊标志区域的测量方法

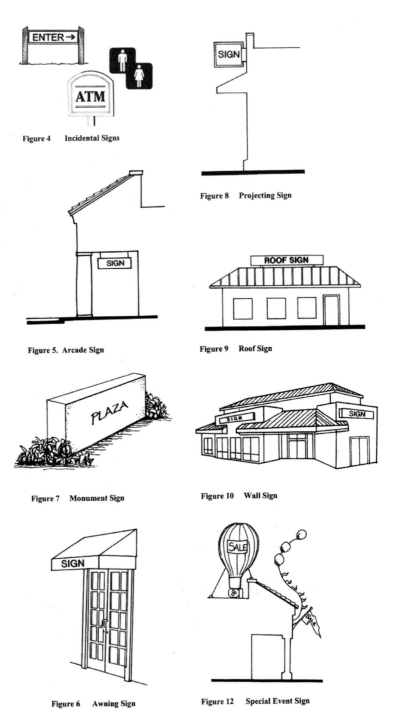

图 37 《拉斯韦加斯标识标准》(*Las Vegas Sign Standards*)

图 38 认养一英里的公共基础设施！

尽管官方宣称这个计划"不是一个广告或者公共演讲的论坛。"[22] 鉴于这种发展趋势，联邦公路管理局（Federal Highway Administration）认为自己有必要在 2001[23] 年的备忘录中声明，商业商标、口号、电话号码、互联网地址以及类似形式的商业推广等，与该计划发起者的意图并不符合。尽管如此，这个计划还是非常成功的，我们早晚会看到"认养海滩""认养桥梁""认养城市"等计划的出现。

4.2　中心区的愿景与形式

每一座有名气的北美城市都需要一个备受瞩目的金融或中央商务区，旧金山也不例外。最终，在 20 世纪 60 年代前，"励志的自由企业"[24] 要求每个美国大城市都有其合适且可靠的代表。

当谈到典型的美国城市中心发展时，旧金山是这一时期最敏感和最犹豫的社区之一。高楼大厦与高耸的山丘形成了鲜明对比，湾区突出的景观品质及其密集的发展颠覆了市民对所在城镇的印象。在允许高层建筑建设之前，旧金山一直从容有序地发展着。1930—1958 年，旧金山只建造了一栋高层办公楼，直到 1959 年，这座城

22　From California Department of Transportation (2008), *The Adopt-a-Highway Programme*.

23　U.S. Department of Transportation (Deputy Executive Director Vincent F. Schimmoller) (April 27, 2001), Memorandum: Adopt-a-Highway Signs——Interpretation (Ij-477(I)——"Advertising on Adopt-a-Highway Signs").

24　Earle Shultz and Walter Simmons (1959), *Offices in the Sky*, 7.

市才拥有了它的第一栋现代高层建筑——位于集市大街（Market Street）的皇冠泽勒巴赫大厦（Crown Zellerbach Building）。

警察与闹事者

[A]
高层运动

[L]
旧金山

没有罪犯，就没有警察——火灾和消防部门也是如此。这两个机构同时进行防范和干预工作。由闹事者引起的案例是必要的，因为它们会使机构运作保持敏感性。

这些闹事者能迫使政府采取防范措施，让更多的社区和居民防患于未然。

20世纪60年代的旧金山，这些闹事者突然在金融商业区聚集涌现，引发了公众困扰：他们认为假日酒店（Holiday Inn）和泛美大厦（Transamerica Building）"过于离奇"，内河码头中心（Embarcadero Center）"太大、太笨重"，而美国银行大厦（Bank of America Building）则"太大、太暗"。尽管如此，在不了解美国银行大厦背景的情况下去批评它，似乎是不可能的——美国银行大厦正立面上有1500个凸窗。

旧金山当时的反高层运动，在与四个"冒犯者"的斗争中彻底失败了，只剩下了公开的批判。泛美金字塔大厦经历了一段特别艰难的时期——其外观被认为与一个有吸引力的城市中心不相容，它被视为是窘迫的与不经济的，很快就被戏称为"埃及大使馆"，并以戴着愚蠢帽子的形象印上了报纸和杂志。

20世纪60年代末和70年代初，激进分子的怒火转向了所谓丑陋、笨拙、过高和位置不佳的办公楼。[25] 代表之一是美国钢铁公司（US Steel），当时它申请在水边修建一座150米高的塔楼。报纸便讽刺它是一个丑陋的"钢铁长颈鹿"，明显破坏了场地的平衡感和比例。[26]

绘图抵制
[OD] § 5.16

但这场论战催生了一种特殊的工具。当时高层建筑的反对者里有几位精通制图的建筑师，可以准备所谓的绘图抵制[27][OD]。在从海湾大桥方向鸟瞰的基础上，建筑师和美国钢铁大厦的支持者试图证明该结构能很好地适应现有的城市环境。而反对者提供了一个反向视角——电报山。图纸解释了美国钢铁大厦为何严重地将海湾大桥置于阴影中——一座私人的办公楼将毁掉一个公共标志物。

25　Chester W. Hartman (1984), *The Transformation of San Francisco*, 269.

26　Donald Appleyard and Lois Fishman (1977), *High Rise Buildings Versus San Francisco*, 87.

27　同26，99。

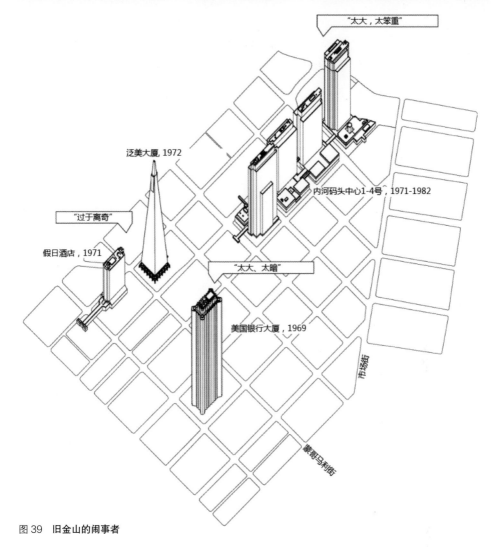

图 39　旧金山的闹事者

最终，1971 年，旧金山管理者（SUPES）给美国钢铁大厦颁发了在这块基地上的施工许可，并规定其限高为 175 英尺（约 53 米）。

这种对立视角的协调，在 20 层高的哈斯大厦（Haas Tower）项目上同样奏效——直到律师从俄罗斯山的许多视角提出一系列论证时，才有人对方案提出异议。现在，人们觉得虚拟建筑具有论证的价值，因此城市模拟学科应运而生。生成这些合成图像的方法越科学、越复杂，公众将其视为客观事实的心理预期就越大。首次开展这类活动的项目位于旧金山海湾大桥（San Francisco's Bay Bridge）的正后方，由唐纳德·阿普尔亚德（Donald Appleyard）在 1972 年创立的加利福尼亚大学伯克利分校环境模拟实验室进行，这里拥有顶尖的仪器设备、庞大的城市模型和旋转内窥镜，人们可以借此在虚拟城市模型里自由穿行。

图 40　环境模拟实验室：模拟旧金山中央商务区内的街景

实态仿真

[A]
瑞士主塔
[L]
苏黎世

　　即使是这样巧妙的模拟，也不能完全代表个人或真实的互动，即城市里人们和环境的 1:1 真实体验。瑞士的城市都深知这个事实。理想情况下，一个人应该可以在城市里实时驾驶或穿行。

　　2007 年，在瑞士苏黎世镇旧工业区，终于可以近距离观察这 126 米高的钢制脚手架。紧邻哈德桥（Hardbrücke），它的四重钢材标出了未来瑞士主塔（Swiss Prime Tower）的边缘和高度。根据法律规定，每个瑞士的建设项目必须事先按照实际尺寸通过跨架结构（结构模型）进行渲染。该条例覆盖天窗、工具棚的建造，当然也包括高层建筑。

　　在规定的期限内（2 个月），市民只要发挥一些想象力，就有可能造出可视化的三维模型，并讨论其对城市完整性的影响。其后是参与式的民主活动，即全民投票。然而，就瑞士主塔而言，126 米高的脚手架是不必要的。出于均衡性和安全性的考虑，城市更倾向于"预览"该建筑的缩小模型。但这是瑞士迄今为止最高的建筑，项目委托人不惜重金和精力建造这个壮观的模型，共花费了 10 多万瑞士法郎进行广告宣传，并展示其威望。

凌乱的大计划

[A]
旧金山规划
[L]
旧金山

　　不仅模拟视觉品质，而且积极地、预防性地引导它们，这种愿望首先体现在 20 世纪 70 年代的旧金山总体规划中，最终在总规划

图 41　现场模拟外墙，方便公众即时评论：126 米高的苏黎世瑞士主塔的结构模型

师迪恩·麦克里斯（Dean Macris）[28]1983 年的旧金山中心区规划中得以实现。

这个方案根据建筑面积比和容积率的定义，降低了建筑高度和建筑体量 [BBK]。它设想了 266 栋重要建筑地标的保护措施，并要求开展阴影研究，以确保新建筑周围的街道能得到足够的日照与光线。街道及其景观同时获得类似地标保护的地位 [QSV]。

建筑体量
[BBK] § 7.02-13

街景特色
[QSV] § 4.05

这些在纽约早已司空见惯。有趣的是，这体现了旧金山的集体鉴赏力及对视觉吸引力的渴望。这种方法需要用帽式结构来处理高层建筑的屋顶，以避免所谓的"冰箱似的外观"（即中性的玻璃幕墙产生的单调序列 [ARL]）。[29]

防止冰箱似的外观
[ARL] § 7.04-2

愤世嫉俗的评论家很快加入了战队。《旧金山纪事报》（San Francisco Chronicle）的建筑评论家艾伦·特姆（Allan Temko）评论说，该规划关心的是美学问题，而不是对旧金山市中心扩张和密度增加的限制：

"我不会相信麦克里斯的首席设计助理……他对这次规划的贡献是不再需要建筑师了，但需要帽子设计师。因此我们将把这些狂欢节帽子戴在建筑上，并假装我们并没有世界上最大的愚蠢帽子，而它却顶在泛美金字塔大厦的头上。"[30]

据计算，到 2000 年，该规划将原则上允许建造超过 2400 万平方英尺（约 220 万平方米）的新办公楼面积，特别是集市大街以南。这意味着其增长率与几年前的计划相仿。

这些数据让人回想起对 1916 年纽约"过度区划"的批判。对旧金山的市民而言，迪恩·麦克里斯的规划实在是太无力了，它并未对旧金山市中心的"竖向动乱"实行充分的规划控制。阻力太大了，1985 年，城市的监管董事会（市政管理机构）赋予该规划以法律效力，但附了一份限制每年最大建设量的附录。首先，将整个城市的最大建设量限制为 95 万平方英尺——这一"增长上限"低于纽约市某些单一高层建筑的建设量。

开发配额
[DQ] § 3.06

旧金山明确提出了"城市规划的开发配额制度 [DQ]。"[31] "美学比赛"的目的在于确定高层塔楼上的"帽子"是否符合当前的审美

28　Hartman (1984), 274.

29　同 28，273。

30　The City of San Francisco (1983), *The Downtown Plan——Proposal for Citizen Review.*

31　Paul Goldberger (1987), *When Planning Can Be Too Much of a Good Thing.*

建筑体量 [BBK]

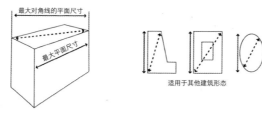

最大对角线的平面尺寸

最大平面尺寸

适用于其他建筑形态

平面的尺度上限：
建筑外墙的水平最大值，由该区域其他建筑的主导高度来决定

图 42a　**体量测量法**

▢ 以高度控制实施体量控制
▦ 开放空间（在此的所有开发项目皆需要审查）
▤ 见中国城规划，中心区规划，林康山规划

图 42b　**旧金山的特殊体量区域**

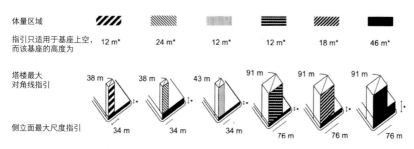

体量区域						
指引只适用于基座上空，而该基座的高度为	12 m*	24 m*	12 m*	12 m*	18 m*	46 m*
塔楼最大对角线指引	38 m	38 m	43 m	91 m	91 m	91 m
侧立面最大尺度指引	34 m	34 m	34 m	76 m	76 m	76 m

图 42c　**体量区域的导则：塔楼的最大对角线和侧立面的尺寸**

图 43　旧金山值得保护的风景优美的街道地图

防止冰箱似的外观 [ARL]

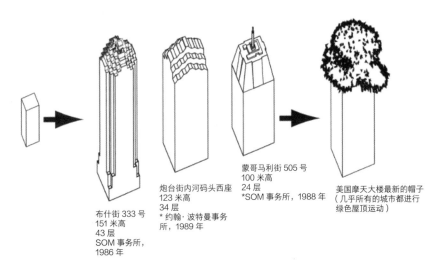

布什街 333 号
151 米高
43 层
SOM 事务所，
1986 年

炮台街内河码头西座
123 米高
34 层
* 约翰·波特曼事务
所，1989 年

蒙哥马利街 505 号
100 米高
24 层
*SOM 事务所，1988 年

美国摩天大楼最新的帽子
（几乎所有的城市都进行
绿色屋顶运动）

图 44　方法

图 45　旧金山中央商务区

标准，由审查小组自行斟酌决定，该小组向许多申请人发放建筑许可证，并分配年度配额。从管理上来说，除非有大量的额外指引，否则这个处理过程是难以把控的。例如，那些与城市经济关联的具体项目。一年后的 1987 年，提案 M（Proposition M）减少了 50% 的年度配额，达到 47.5 万平方英尺，限制了高层建筑在旧金山的发展。即使不是这样，也有人指控（引用《纽约时报》评论家保罗·戈德伯格（Paul Goldberger）的话）说："原来它们都是被后现代主义风格驯服的例子，小建筑谨小慎微地努力不去冒犯别人。"戈德伯格继续批判这种通过审查程序的决策过程：

"旧金山不再有规划师，只有设计的独裁者。市政府通过规划部门和全民公决的形式，控制旧金山市中心的发展。他们远远超出了选民对政府的合理授权——即像其他地方的规划师所做的那样，通过区划法制定发展的基本框架；在这里，他们决定每个项目的具体设计，并最终决定项目是否可以继续推进。"[32]

但是，塔楼上的"帽子"是为了抵制另一种市中心的发展趋势——天际墙综合征 [SWS]。由于受类似的边际条件和土地成本的约束，办公大楼往往具有类似的层数，因此具有相似的高度。在许多情况下，这种利用率并没有接近潜在的法律限制，而是对应于

天际墙综合征
[SWS] § 3.04

32　同 31。

纯粹的经济演算：在不增加成本的情况下，尽可能增加建筑高度以获得盈利，例如，向垂直方向发展？这种经济高度 [EH] 通常位于法律规定的最大利用率以下。但如果低于法律规定的最大利用率，那么就失去了法规对建筑的可塑性，相邻地块的开发者会根据类似的计算结果决定塔楼高度。如果建筑物之间的高度差异都建立在审美标准基础上，那么，基于通则的管理会变得非常艰难。如果将可能的最大利用率设置为低于特定时期的经济效益，则该标准作为高度限制，将再次产生相同的建筑物序列。

城市困境在于：一个成功的、有趣的和富有戏剧性的天际线，及其制高点、低点和锯齿状起伏的形态，是很难被规定好的。降低高度限制，将再次导致均匀与单调，同时也会以不可取的方式制约城市内部增长。

相反，有用的是对有关建筑法律 [RC] 的不断修订，以及房地产市场的价格大幅动荡。当然，不可或缺的要素是一个当地的、以自我为中心的公司总部，它的功能就像一个山顶十字架；另一个要素，是一个集体的建筑表达，多年来迅速变化的高层办公楼。

背景保护

像旧金山和其他极少数城市一样，加拿大的温哥华对未来物质环境的发展拥有清晰的整体形象。这两个城市都渴望以一种明智的方式，确保其历史美学品质能延展至未来。

温哥华并没有以图示的方式直接确定城市最高建筑的位置，而是采用相反的方法——明确禁止建设高层建筑的区域，并辅以三维视线通廊指引。这些视线通廊穿过城市空间，保证从城市特定点到周围的北海岸山脉的视线不受（高层建筑）阻碍 [BP]。因此，以

针对性的名称进行具体化和个性化指引，仅在福溪（False Creek）沿岸就有 27 个不同的"视线锥"。

因此，公众对畅通无阻景观的需求是以位置和空间的术语来表达的，而不受到规则的限制。城市以一种相反的方式间接决定了私人空间，它首先积极地定义了最初的公共空间，在准平衡中出现了一种空间图形—背景关系。以这种方式形成的公共空间创造了整个城市的连续性，这是低洼的网格化街道规划传统无法实现的。以一种完全非同步的方式，视线锥因此可以自由地在与街区和街道结构的关系中产生新的空间关系。从这种涵盖全部街区和行政区的方法

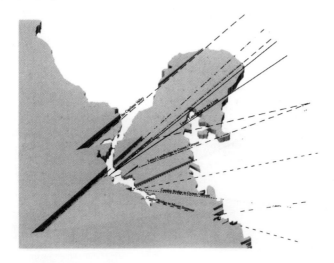

图 46a　从福溪看温哥华北岸山脉

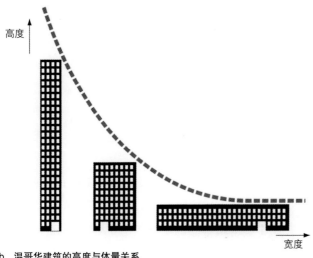

图 46b　温哥华建筑的高度与体量关系

来看，诸如在特定区域内限制最大容积率或一般高度等方法过于短视，受当地条件和具体位置的影响较大。

　　同样是处于多面环水的地区，旧金山和温哥华都已经意识到建筑物允许的最大高度必须根据其临水程度成比例地降低 **[TDS]**。一方面，这种渐变在天际线中会延续视觉上壮观的山脉特征；另一方面，保持了其背后开发项目的优美景观，并与海湾水域相映衬。这种方法似乎是可行的，尽管在实践中遵循该规则并不总是能扩大视野，因为开发商若无法进行垂直建设，则会选择水平建设。在今天的旧金山，1965 的丰塔纳大厦（the Fontana Towers）阻挡了海湾的

向岸线逐级降低
[TDS] § 3.02

135

图 47　降低丰塔纳大厦的高度，会阻碍旧金山更多的景观视线

景色，不是因为它们太高，相反，这里有两座巨型的细长建筑并排设置，建筑由于滨水区域的高度限制被压扁了。一两座高而纤细的塔楼并不会形成阻挡视线的厚重幕帘。如果它们背后没有更高的建筑，或背后的建筑不能与它们共同构成适应坡地的背景形态，这种规定的意义并不大。

温哥华的天际线剖面图清晰地显示出，越接近滨水地带，建筑高度就会逐渐降低 [TDS]。这不仅对市中心到滨海的景观产生了积极影响，而且有利于整个市中心的景观，例如从斯坦利公园（Stanley Park）拍摄照片。

这种城市景观并不罕见，甚至可以成为一种强制性管制。以中国香港为例，特别是从九龙的文化中心、尖沙咀，穿过维多利亚港，朝香港岛的方向望过去，天际线成为特定的山脊线 [RLP]。一直以来，城市特别关注后者。但逐渐增高的天际线管控，却阻碍了从九龙可以看到的绿坡，包括太平山山顶。

如果用建筑物遮挡这个背景，那香港将不再是一座拥有山峦起伏令人叹为观止的城市了，并且有牺牲全域旅游胜地的地形特色的风险。香港规划署的城市设计指引 [33] 中设立以下主题：

向岸线逐级降低
[TDS] § 3.02

山脊线保护
[RLP] § 2.06

33　The City of Hong Kong(2005), *Guidelines on Specific Major Urban Design Issues—Heritage and View Corridors*.

图 48a　香港山脊线在视觉上的重要性

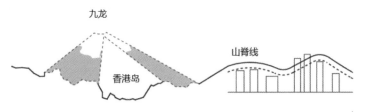

图 48b　以山脊线高度的 20% 为基准，保护穿过维多利亚港的视廊

　　"香港岛拥有壮丽的自然环境，太平山巍然耸立，可俯瞰维多利亚港和九龙半岛。港岛北岸发展应尊重太平山和其他山脊线或山峰，以保护从九龙（特别是从西九龙文化艺术区、尖沙咀的文化场馆及启德发展区的海滨长廊）望向的景观。在上述瞭望点的观景廊内，应避免无限制的高度以及破坏不受建筑物遮挡地带的发展。对于个别地区景色，可以酌情考虑其他合适的瞭望点。"

　　"绵延的山峦，与碧海蓝天相互辉映，给人们留下深刻的印象。香港与悉尼、温哥华、旧金山、里约热内卢被誉为世界上最美丽的五个海港。作为其中之一，香港应保存由太平山顶眺望维港的全景。保护自滨海地区望向的山脊线和山顶的景观，也有助于保护从太平山顶及其他山脊线俯瞰海港和城市的景观。"

　　这是一个自我意识强烈的辉煌城市！

　　实现这些目标的方法可参阅 2002 年 11 月的《摘要——香港城市设计指引》[34]。里面选定了七个瞭望点，可以从山顶至海港全方位欣赏香港的壮丽景色，反之亦然。从这些瞭望点可以看到受保护的山脊线的锥状通道，包括 20% 的偏移，预留了足够大的未开发的绿地（或无建筑区）。这在某种程度上类似于一张精心制作的集体

34　The City of Hong Kong (2002), Urban Design Guidelines for Hong Kong—preservation of view to ridgelines/peaks—Executive Summary.

照片，从海滨沿岸上升的视线会自动保证沿着水边的建筑物不会达到足以挡住前面的塔楼（也不会遮挡后面的水景）。

这个指引并不排除适当的穿破山脊线的建筑，但它们必须具有出色的建筑特色。

2002 年，IFC（国际金融中心）的建成突然阻碍这条保护视线，整座建筑物直接立在水边。同一年又出台了旨在防止更多"龙杀手"的指引。根据卧龙传说，许多居民认为 IFC 塔尖锐地刺穿了这条龙的绿色脊柱。这座通常被认为破坏了天际线的 IFC，于 1996 年获准施工。

完美的隐藏

同样的，在英国首都伦敦，当局更多地是管理高层建筑的视线[LVM]，而不是指导高层建筑本身的建设。对于这个国家来说，外观不好看的建筑只要被很好地隐藏起来就可以了。在这样的背景下，克里斯托弗·雷恩的圣保罗大教堂（St. Paul's Cathedral）起了关键作用：伦敦狭窄而曲折的街道几乎无法看到圣保罗大教堂的整体景观。现存的绝大多数图像（无论是以油画、胶片还是数字方式存储）中，所看到的那些小而奇妙的圆顶，其视点皆设立于泰晤士河对岸偏远的西南角。安东尼奥·卡纳莱托（Antonio Canaletto）、约翰·奥康纳（John O'connor）的画作以及无数游客的照片证实了这一点。

整个伦敦市都受这种远眺视线的指引：20 世纪 70 年代中期，在布罗德盖特（Broadgate）规划的一幢办公塔楼，正好位于利物浦街车站附近——距圣保罗大教堂仅 1 英里远。如果从 10 英里外里士满公园（Richmond Park）的亨利山（Henry VIII's Mound）观景台看过去，这栋建筑就闯入了圣保罗教堂的视线。考虑到这个情况，该塔楼未被授予建筑许可，最终调整为一幢长而平的建筑，随后获批。

1991 年，一系列的后续研究确定了十二条值得保护的远眺视线，其中八条视线涉及圣保罗大教堂、威斯敏斯特宫和伦敦塔。在这些意象视廊内，所有高层建筑都不能与这些国家纪念物形成竞争，其空中背景也不能有任何视觉污染。

在随后的几年里，针对该主题还进行了许多研究。但是，要在保护从指定地点到雷恩的大教堂（Wren's Cathedral）的重要视线的同时，落实伦敦规划，仍存在许多不确定性。如果建筑落在视廊的背景下，情况又将如何呢？圣保罗大教堂的穹顶是否真的需要一个

图 49　从里士满公园的亨利山观赏圣保罗大教堂的景象

不受干扰的天空背景，或者不能容忍一对外观特别好看且紧密放置的高楼作为它的背景呢？如果那些不太成功的建筑小心地隐藏在穹顶的阴影里，它们还有机会吗？在与教堂一定距离的地方，100 多米高的塔楼可能完全不会出现在游客的相机里。但是，当游客在伦敦"柯达拍照点"[35] 稍稍左移或右移拍照时会发生什么呢？在这种情况下，你可能认为你的照片被空中或闪亮宽阔的新建筑立面破坏了。这是一张糟糕的照片，照片上通常是一座与周边环境脱离的历史纪念物，或者是价值百万的办公楼，它的巨大规模可以为圣保罗大教堂提供一个新背景：这很难去权衡——尤其是那些"当然权利"（as-of-right）[36] 的建设，它们存在于毫无品位的建筑条例中。

坏人与受害者

　　在伦敦发生的传承或替代的故事，以叠加的方式发生在纽约。一个特别的案例能够很好地说明这一点。这是一个关于从流氓变成

[A]
布劳耶与中央车站

[L]
纽约

35　借用迪士尼的经验。
36　当然，权利的开发并不需要经过社区委员会、城市规划委员会或市议会，也不需要举办公开听证会。

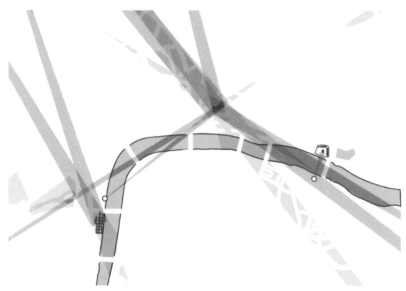

图 50　伦敦关键性纪念建筑的视廊——威斯敏斯特宫，圣保罗大教堂和伦敦塔

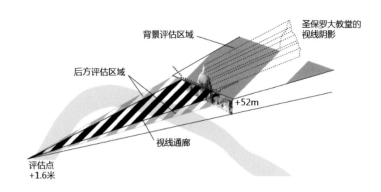

图 51　以几何形状划定的视线保护管理

Assessment Point 4A.1

Camera Location
At orientation board
National Grid Reference
527658 183891, height
66 50m AOD [RPG3a]
Height of camera 1 60m

Date of photograph
18/03/2005 15 46 51

Assessment Point 7A.1

Camera Location
Outside information centre
National Grid Reference
533666 180313, height
15 10m AOD [Estimated]
Height of camera 1 60m

Date and time of photograph
16/09/2004 09 43

Assessment Point 8A.1

Camera Location
Southwestern end of bridge,
over river edge
National Grid Reference
532769 180395, height
14 60m AOD [Estimated]
Height of camera 1 60m

Date and time of photograph
06/07/2004 11 00

Assessment Point 10A.2

Camera Location
Axial to St Pauls (GA 8)
National Grid Reference
532111 180549, height 6 60m
AOD [Estimated]
Height of camera 1 60m

Date and time of photograph
02/09/2004 12 43

图 52a　在高出街道 1.6 米的高度提取照片评估

图 52b　隐藏在伦敦圣保罗大教堂的背后

可怜受害者的故事。间接地，这一事件再次关系到外观。而这些变化都随时间而更迭。

　　这个流氓叫马塞尔·布劳耶（Marcel Breuer）。一切都始于中央车站（Grand Central Station），或者更准确地说，是从它的上面开始的。

　　中央车站：它真正的伟大在于表面的渺小。与宾夕法尼亚车站（Pennsylvania Station）相比，它在地面上的规模小得多，这使得它存活至今。"如果说宾夕法尼亚车站主要是呈现抵达时的辉煌，那么中央车站的构想则是为了阐明清晰的流线"。[37]宾夕法尼亚车站于1995年被拆除，而中央车站至今仍毫发无损。这两个车站之间存在着直接的与法规相关的联系：正是宾夕法尼亚车站的牺牲促成了纽约地标保护委员会（New York City Landmark Preservation Commission）的成立，该委员会在 18 年后作出了保护中央车站的决定。

37　Paul Goldberger（1998），*The Skyline, Now Arriving*, 92.

图 53　曼哈顿市中心区的巨大潜力

"在过去的 100 年中，在我们最大的城市里，有部分地块被更迭建设了三次。"基于经济压力的原因，理查德·纳尔逊（Richard Nelson）在 1955 年提出的"三次重建原则"[38] 也适用于中央车站 [ROT]。首先出现在第 42 大街的建筑是 1871 年的中央货场（Grand Central Depot）。1913 年，这座建筑被里德与斯沃姆（Reed & Stem）、沃伦与威特莫尔（Warren & Wetmore）设计的中央车站取代。早在 1910 年，人们就在《纽约时报》（New York Times）上看到有关铁路建造的远景规划的信息：

三次重建规则
[ROT] § 2.01

"车站建成数年后，它会在第 42 大街的标高上抬高 150 尺。但是铁路公司没有错过任何机会。它意识到这个建筑物上方的未来价值。为了在时机成熟时利用这些高空空间，目前正在施工的车站中的柱和梁具有足够的强度，可以承载新车站上方 22 层塔楼的附加结构。"[39]

这是在新闻报纸中第一次描述了关于塔楼的构想。

不久之后，45 米高的车站就竣工了，建造附加楼层的时机很快成熟。里德与斯沃姆、沃伦与威特莫尔却都没去建造这栋塔楼。1954 年，威廉·泽肯多夫（William Zeckendorf）提议用一栋 80 层高，480 万平方英尺面积（约 45 万平方米）的塔楼取代中央车站的方案——一栋号称世界最高建筑的塔楼。贝聿铭的细腰玻璃圆筒方案也没能实现。1955 年，欧文·沃尔夫森（Erwin S.Wolfson）最初提出的替换北侧 6 层高办公建筑的计划失败之后，又被准许进行一次重新设计。1963 年，泛美大厦（Pan Am Building）[即大都会保险公司大厦（MetLife Building）] 拔地而起。当然，这并没能填补中央车站上方空间的潜在价值。

1968 年，轮到建筑师马塞尔·布劳耶了。受财务困扰的宾夕法尼亚中央铁路公司委托他将这个亏损的车站转变为真正的房地产金矿。自称现代主义者的布劳耶按照西格拉姆大厦（Seagram Building）的设计标准，设计了一栋细长的塔楼。它的 52 层楼金属玻璃结构符合相关的区划条例，并尝试用阴影间隙的方法尊重原古典艺术的体量，与之保持距离。尽管布鲁尔希望对车站更新，但这也意味着完全拆除。

另一方面，对于地标保护委员会而言，布劳耶这种利用商业现代主义"填充"[SH] 车站的做法荒唐至极，会将其扭曲到无法辨认的程度。

填充
[SH] § 7.02-10

---

38 Richard Nelson in 1955 in the *Appraisal Journal,* quoted by Costonis (1989),107.

39 The New York Time Editorial (1910), *First Detailed official Plans of the New York Central's Improvements.*

中央车站的开发　两座克莱斯勒　里德与期沃和　马塞尔·布劳耶　贝聿铭1954年
权等于……　　　大厦　　　　　沃伦＆威特莫尔　1968年的方案　的方案
　　　　　　　　　　　　　1910年的方案

图54　稳定中的变化：曼哈顿中心区中央车站上空

　　与此同时，问题不再是现代玻璃与古老石材的对比，而是新建筑要建造在旧建筑之上的事实。最终，最高法院在1978年没有接受该案的违宪申诉。最高法院认为，一个城市当然有权利保护其最具文化和历史价值的建筑，即使这些建筑的地块，可能因被再利用而产生更多的利润。

　　1978年，这一判决让中央车站这个给周围环境留下低矮印象的地方，成为美国抵抗低效旧建筑重建的领袖。中央车站最大的奢华，仍然是耸立在它上面的那两座无形之塔——或许把它设计成钢筋和玻璃组成的海市蜃楼般的外表，就能够吸引雄心勃勃的开发商和车站业主。

　　但自20世纪80年代开始，马塞尔·布劳耶本人就面临着在其作品头上增加附属建筑的威胁。他的惠特尼博物馆（Whitney Museum）正在探索扩建方案。但除了在原有建筑上方加建，别无选择！这个"新野兽派"博物馆面临着被迈克尔·格雷夫斯（Michael Graves）进行后现代扩建的危机。突然之间，角色转换了：在这件事情上，劳耶——这个前恶棍变成了英雄，仅仅因为他曾威胁要给中央车站带来的命运，他的建筑也正好遭遇着——被明显的外来势力所掩盖。[40]

40　Costonis（1989），109.

在纽约，这种填充受保护地标建筑地块的方式是有利可图的。这种方法的前提是，现存建筑没有用尽其合法的空间，并且该潜在空间容量还没有出售给邻居。在这个潜在开发体量的地块中，业主可以选择将该开发权永久地出售给邻居，通过邻居实现该开发量[TDR]。在当时，中央车站并没有该项选择。当时的周边地块并没有增加额外开发权的需求，也就是说，周边地块已经被充分开发了，开发量转移的交易变得没有意义。后来，在中央大街扩建时，它的开发权才真正实现了转移。

开发权转移
[TDR] § 5.14

通常，这些规则都是为了防止利益与保护之间的冲突，并最小限度地减小它们的冲突，最好的情况是完全阻止冲突发生。

在无法达成此类交易的情况下，地标保护委员可以在不损害建筑职能的情况下同意改造，或者仅通过增加一个附属设施来保护老建筑，譬如偶尔发生的垂直装配方式。这是一个位于麦迪逊大街445号维拉德住宅（Villard Houses）案例。自1980年以来，他们就一直背着钢和玻璃的背包，就像诺曼·福斯特（Norman Foster）于2006年在第八大道建成的赫斯特杂志大厦（Hearst Magazine Building）一样。

当然，这些垂直的附属建筑也可以发生在水平方向。而且，这种附属建筑并不容易被察觉。这也是它们存在的原因：对于纽约的投机者和发展商来说，将多个小地块组装成一个大地块，会比小地块的利润总和要大[LA]。

地块组合
[LA] § 6.07

作为一栋坐落于华尔街40号的高层建筑（该建筑在1930年曾与克莱斯勒大厦竞争过世界第一高楼的地位），曼哈顿银行公司大楼(后来的名字)需要一个相对大的地块。实际上，确有这么一块地。不幸的是，它被不同的业主分成了7个不同的小地块。1930年，《财富》杂志以一种典型而引人注目的方式描述了这一过程。经纪人通过掩藏各种公司的名字，逐渐将很多小地块凑成一个大地块：

"首先遭到收购的是主界面，及沿华尔街的小地块，然后次要地块逐个被击破。当背街地块业主意识到他们影响着一个大项目的价值时，他们却发现自己的地块被挡住了阳光，只能后退建设或直接退出地块。"[41]

一旦地块合并的过程完成，惊人的建筑方案就准备好了，构想着这个地区的未来，并且很快找到了买家。

41 Fortune Magazine (1930), *Skyscrapers: Pyramids in Steel and Stock*, 60-61, 73-75. Quoted by Wills (1995), 161.

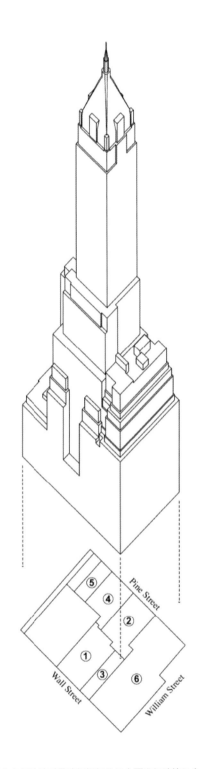

图 55　在华尔街 40 号由内向外地对曼哈顿银行公司大厦进行地块组合（数字表示合并的顺序）

第5章

紧密联系的个体——邻里街坊

邻居 [NH] [1] 问题可以反映一座城市的历史。城市的历史可以理解为邻里之间长期的故事，对邻里的直接和间接研究可以用来描述一个城市的结构，最重要的研究内容是——邻近的程度。根据邻近方式的不同特征，如高密度居住，个人所受到的约束也随之受影响。一般情况下，当邻居在场时，一个人的自由就会受到限制——而且无论我们是在处理曼哈顿中心高层时（它会给街区投下阴影，或者产生非常大的交通量），还是在处理柏林公寓楼的高分贝音乐滋扰时，甚至是在处理邻居宅旁树篱的高度时，都验证了这种想法。邻里之间的关系是最关键的，而邻居的类别和规模相对次要。个人利益与周围环境会发生冲突——甚至让人难以忍受，但这种令人难以忍受的情况很少会非常细致地在设计导则中体现出来——美国郊区地块间的树篱导则是个例外的发现。

邻居
[NH] § 5.01

---

1 "邻居"这个词在这里没有任何"邻里街坊"的含义，而是相邻个体之间的一种直接的地理关系。

图 56　费理斯的建筑外轮廓塑造

5.1　开端：损失自主权——邻里街区的范式

"随着尺度的不断变大，大型建筑已不再是独立的个体；它绝对会影响到周边的建筑、所在的街区，甚至整个城市。越来越明显的是，大型建筑不仅是个人关心的问题，也是社区关心的问题，因此必须采取相关的强制措施 [PC]。"[2]

邻里管制
[PC] § 1.07

休·费理斯在他 1929 年的著作《明日的大都市》中描述了纽约退台式建筑的演变，并介绍了与之相关的 1916 年区划法。实际上，这项法律为城市密度提供了一个总的序幕：第一，规模产生边界，因此一个乏味的公共领域个人自治权会随规模增长而成比例减少；第二，规则的目的是减少相邻房屋之间的过多影响；第三，当涉及相互影响时，数量是起决定性作用的；第四，相互影响生成新的依赖关系，从而产生新的规则；第五，行动的自由会被邻里限制——行政文书只是一种正式的表达而已。

近处的街坊

[A]
树篱

"位于侧院或后院里的栅栏、围墙及树篱的高度不应该超过 8 英尺（约 2.4 米）。在前院里的栅栏、围墙及树篱高度则不应超过 42 英尺（约 1 米）。"[3]

[L]
圣莫尼卡

树篱高度
[HH] § 5.13

树篱是业主为了防止隐私被他人看到，或者用来隔绝不悦环境的。这些树篱有三个评价维度 [HH]：在大多数情况下，就业主而言，一片树篱的密度和高度不可能轻易达到限制；一般情况下，人们会根据树篱所环绕的建筑规模设置合适的密度和面积；最后，对于业主来说，生态和自然美学也很重要，因此绿化区域永远不应该

2　Ferriss (1929).
3　The City if Santa Monica (2007), *Planning and Zoning—Fence, Wall, Hedge, Flagpole*.

148

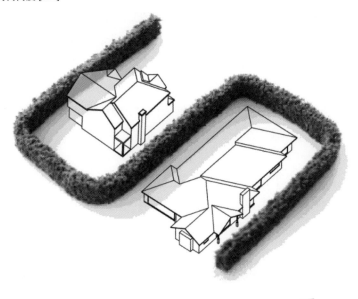

④ --------- ▲ 业主的理想高度

③ --------- ▲ 植物的理想生长高度

② --------- ▲ 政府规定的高度

① --------- ▲ 邻居想要的高度

图 57 树篱和它的四种理想高度

被隔断！

　　然而，与此同时，树篱与邻居的房屋相邻，并在上述这些方面影响着邻居。但邻居对树篱没有决定权，也不能影响树篱的生长形态。树篱造成的视觉屏障可能不受欢迎，甚至限制了某段距离内邻居的所有视线；如果树篱处于不利的方向，一片树篱的阴影可能会使整个相邻的街区变暗，或者阴影面积非常大。所以，基于评价者与树篱的相对位置，对同一个树篱的评价可能截然相反。

　　此外，还有公众的角度——公众看到的街道景观代表着相关主管部门的意愿。在大多数情况下，社区有责任塑造居住区的私家花园，虽然个别居民希望通过树篱封闭自己的花园，但社区往往追求整体光线明朗和空气清新，且视野开阔，把"街道和邻里观察"的机会最大化，并且在交叉口有良好的可见度。[4]

最后，还有对树篱本身特有的自然生长率的考虑。

这样，一片简单的树篱会迅速形成四种理想的高度。如果现实与需求背道而驰，那么冲突就不可避免，高度的强制分级也因此成为必要。

冲突和争议发生得越多，法律就会逐渐补充甚至取代邻里的交流，原本掌握在邻里手里的管理权将会被中心权力机构接管。如果最高高度和法定高度都由法律强制生效，那么邻里之间就不需要再沟通来达成一致了。这样的话，强制管理就牺牲了邻里自我调节关系的机会，邻里之间可能会变得冷漠和冰冷。在无需交流的情况下，邻里和睦的一致性就消失了。

5.2 无形的入侵：采光权

暗淡的一面

[A]
阴影和自然光

阴影是会移动的，在最坏的情况下，它们会挡住邻居房屋的全部面积，干扰他们享有阳光。这种阴影停留的时间越长，邻居的采光权就越被限制，从而增加了邻居的烦恼，所以阴影被看作对私人建筑的侵扰，也正因如此，建筑的独立性又一次被消除。

[L]
纽约

建筑和阴影之间的自然关系，表明了建筑体量和地块布局之间的紧密联系。随着体量和高度的增加，一座建筑必然会成为众矢之的——即使是在被公认为安全的地方。20世纪早期的纽约，阴影成为公共和私人的争端之一。落在人行道上的巨大阴影受到了严厉的谴责，就像照进办公室和住宅的阳光被阻挡了一样。我们再一次得出结论：自然光和阳光，对公共健康来说是必不可少的。

因此可以得出，所有能够利用的工具——都是为了减少邻里阴影所带来的干扰。

但并非所有阴影的影响都是一样的！根据位置的不同，等量的阴影可能会带来不同程度的不利影响。通常，办公与服务功能对阴

4　简·雅各布斯提到"街道眼"这个说法，是指一种居民自主自觉的自我监视，以防止街头暴力行为的发生。也可查阅 Jacobs (1961), *The Use of Sidewalks: Safety*, 29-54.

影的忍耐力要比住宅和私人花园大；因为办公楼统一安装的顶棚照明，该忍耐差异在 20 世纪中叶又进一步扩大。

天空曝光面
[SEP] § 7.02–6

从设定建筑间的最小距离到退台式塔楼，再到纽约的天空曝光面原则 [SEP]，试图管理阴影的方式可以分成两类：第一类直接对产生阴影的源头进行管理，也就是说，对产生阴影的建筑物的尺寸、高度和距离进行绝对量化控制；第二类则对阴影的影响方式进行干预，即在某些情况下对阴影的程度进行控制，这种方式只间接调整建筑阴影的形状和尺寸，而对建筑形式并没明确的限制，也就是说，并没有最高高度之类的标准，重点在防止超过规定程度的光线阻碍。

这种以效能为基准的管理方式，允许了更高的设计自由度，业主可依需求选出最佳方案：如通过建筑物后退地块边界，或通过设定特殊体量，或者简单改变平面结构⋯⋯

2 小时阴影

[A]
建筑物阴影

[L]
伦敦、北美、苏黎世市

苏黎世的"市区规划和建设法"就是这种法则的最好范例，它迫使业主考虑对邻近建筑物的影响：第 284 页第 4 行的标准指出，邻近建筑物未必因阴影而受到实质上的不便，特别是高层建筑[5]投在住宅建筑或居住区内的阴影。而"实质性的阴影干扰"被定义为持续 2 小时以上，且对相邻地块的可建设区域所造成的冬季光遮挡。[2H][6]

2 小时阴影
[2H] § 5.08

它以小册子的形式解释了在地块层面，如何确定和诠释 2 小时阴影区间的大小。

这个法则以强制的形式建立了紧密的邻里关系，有很强的现实意义。但同时它对形态、密度和项目管理等也具有很大的指导潜力。

功能混合：苏黎世的阴影法则完全适用于住宅，成为混合用地的开发指引工具。为了在遵守法规的同时达到一定的建设密度，住宅可与其他用途混合起来，包括办公、服务、商店、停车设施，等等。明确的采光规则实现了城市功能混合使用的梦想，同时使功能混合几乎成为强制标准。

开发时序：以 2 小时阴影法则作为唯一的标准，首先在有一定

最矮的高层建筑
[LH] § 7.01–2

5　[LH] 该法则的应用区域非常关键：对于高层建筑来说，在瑞士意味着高于 25 米的建筑，在伦敦则至少高于 50 米，而在德国仅仅是 22 米。（例如 "Landes-bauordnung Nordrheinwestfalen," § 2Abs. 3Satz 2）

6　Kanton Zürich (1967), *Anleitung Zur Bestimmung Des Schattenverlaufes Von Hohen Gebäuden, Die 2-Stunden-Schattenkurve.*

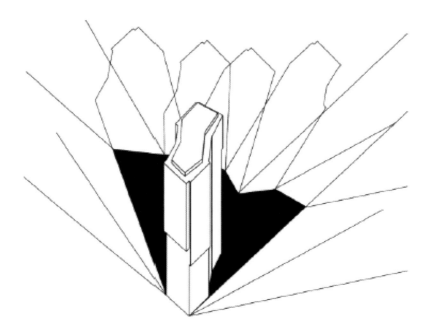

图 58a　瑞士主塔的 2 小时阴影

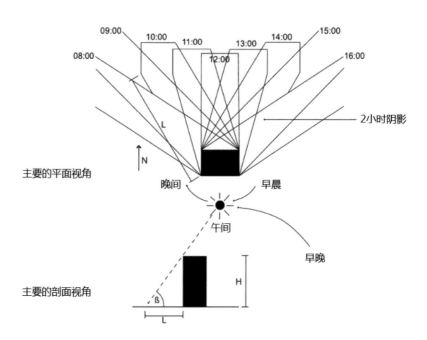

图 58b　阴影构造：以上午 8 点和上午 10 点的阴影交集来勾画区域，接着以上午 9 点和上午 11 点的阴影交集来勾画区域，接着以上午 10 点……

密度的既有城区实施，然后再扩展到新区开发。

在第一种情况下，根据已有的建筑密度，这个法则能够牵引新的开发行为及其详细技术指标。

在第二种情况下，这个法则意味着，谁最先到，谁就有权自由定夺高度与体量。而后来者需要考虑的因素就会增多，可选择的余地相应变小。

在规划中使用这一法则，并不能真正指导开发的时序：而前一项开发的后果，才是真正约束后来开发自由度的条件。

总体规划默认，不管建造时序的先后，所有人的权利是平等的。但这项法则牺牲了总体规划的这一主张。也许正是这种平等主义的诉求，导致了功能主义的规划后果。城市本质上就是不公平的，这也造成了城市产品及其等级形式的不公平。

英格兰以古老的日照原则 [ALD] 展现了对先到者的权利和自由的保护：如果一座建筑在过去 20 年一直享用透过窗户的阳光，那么业主就有权利永远[7]享用这不受干扰的阳光——即使阳光必须穿过另一栋新房屋到达此建筑。它因此也限制或完全阻碍了未来的建设。

古老的日照原则
[ALD] § 5.11

当然，业主可以扩大他的窗户或者安装新的窗户，不过这样改建以后，他透过这些窗户享有永久不被干扰的阳光权利，必须经过额外 20 年的期限才能生效。

在经历第二次世界大战的巨大破坏以后，许多建筑和窗户被摧毁，英国的城市如伦敦的发展状况变得艰难。新建筑缺乏这种需要时间积累的阳光权利。当然，建筑地块还存在，但那些能够让阳光畅通无阻，且有资格阻止周围新建建筑的墙和窗户，已经不复存在了。在短期内，业主们可以通过登记而重新获得这些权利，然而等待期现在由 20 年延长到了 27 年。

但英国的这个完整的法则没能流传至大西洋对岸。直到 20 世纪 80 年代，美国人才可以根据太阳能收集器客观地衡量日光被影响的强弱。1980 年，《纽约时报》报道了大量的案例，提到业主们引以为豪的太阳能收集器的效能降低，原因是附近的树长得太高，或新建的多层住宅给这些机器投下了巨大的阴影，影响机器

---

7 《1832 年时效法》(*Prescription Act*) 第 3 节："当任何住宅、工厂或其他建筑物的日光使用权在不间断的情况下实际保持了整整 20 年，其权利应被视为绝对不可改变，即使当地习俗也不能侵害该权利，除非通过契约或书面形式作出另外的约定。"

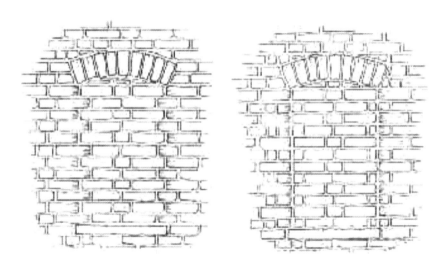

图 59　被弃用的暗示——砖的状态可暗示特定窗户是否可以延续采光权：a）破碎的窗框线，墙面与砖粘结在一起，表明未来可能不打算再使用该窗户；b）笔直的窗框线，填充的砖暗示未来有可能重新打开窗户

太阳能收集
[SC] § 5.10

的使用。

正是在这个时期，许多城市和社区开始考虑如何管理太阳能采光口，[SC] 鉴于经历过石油危机和石油价格暴涨，这样的考虑已经不可避免。

不过，后续的事件也非常关键：早在 20 年代 80 世纪初期，北美许多国家就引进了太阳能收集法则，新墨西哥州就是其中一个。当时，新墨西哥州保证拥有太阳能收集器的人都能享用不受限制、永久的太阳光，前提是没有现状建筑阻挡它。但这种"先到先得"的法律很容易被滥用。美国住房与城市发展部（HUD）的大卫·恩格尔（David Engel）在《纽约时报》上发表了"严格立法的权利可以导致荒谬"："想象一下，开发商计划建设一栋价值数百万美元的房子，然后一个人在旁边买了一小块地，把他的活动房车停在那里，再安装一个太阳能收集器。现在你可以看到一个完美的陷阱（因为有太阳能收集器的人可以享用不受限制、永久的阳光，所以这块地就无法建设了）。"[8]

新墨西哥州太阳能顾问梅尔文·艾森斯塔特（Melvin Eisenstadt）提到了"先到先得"规则的另一个意想不到的后果："不久前，我们都目瞪口呆……一个阿尔伯克基（Albuquerque）的开发商想在住宅区旁边建造一栋 6-7 层楼的酒店。居民们试图阻止这个项目，

8　Suzanne Charle (1980), *New Laws Protect Right to Unblocked Sunshine*.

不过城市规划委员会更偏向于支持开发商。但实际上，想停止这个项目根本不需要太费心思，他们只需要集资几千美元，然后在可能被酒店阴影遮住的房子上安装一个太阳能收集器。"[9]

与新墨西哥州相仿，苏黎世的居民可以阻止任何不受欢迎的高层建筑——而且并不一定是通过全民投票否决它。他们需要做的只是找到一个开发商，能够快速地在未来的高层建筑附近盖一栋住宅，并把它建在 2 小时阴影区内。

瓦尔德拉姆：光的专家、光线权利和天空要素

[A]
瓦尔德伦

[L]
纽约

英国人珀西·瓦尔德伦（Percy J. Waldram）和他的同事们是自然光领域的专家，他们专注于室内照明、办公桌照明和狭窄的人行道照明。瓦尔德伦是"日光评估图"的发明者。这个图表用来判断街道是否有适宜行人的光线，以及是否有足够的光线透过窗户到达室内。它已被纽约市区划条例[10]所采用。

与阴影相比，自然光的缺点在于，它不能被简单精确地表述和标准化。阴影是可以被简单量化的：要么 100% 存在，要么完全不存在。然而，对于日光来说，它是根据大气条件而变化的，更适用于一些特定的活动。不仅如此，人的眼睛能够快速地适应光照条件的变化，因此对光照条件的评判标准因人而异。

现在摆在照明专家们面前的问题是：虽然阴影的存在是相对容易量化的，但它并不能作为评估日光的唯一标准，而且，那些没有直接在阴影里的房间和建筑物也存在光线问题。另外，由于勒克斯测量法会随着大气条件而变化，因此直接测量光的入射量并不一定能提供有效信息。为了避免这种没有实际意义的不确定性，瓦尔德伦提出了精确测量的方法：实际获得的自然光与窗户在不受阻隔时可看到天空的比例有关。[11]该比例的当代术语就是天空系数 [SF]，它的范围可以从建筑物屋顶的 100% 到房间最远角落的 0%（这个房间的窗户可以看到地平线）。通过这种方式，科学家和顾问在对自然光的评估中重新获得了精确的量化方法。

天空系数
[SF] § 7.02–15

在专门开发的建筑渲染图表中，可以确定天空可见范围的总量

---

9 同 8。

10 The City of New York (2007), *Zoning Resolution. Article VIII: Special Purpose Districts*.

11 Percy J. Waldram (1909)], *The Measurement of illumination; Daylight and Artificial; With Special Reference to Ancient Light Disputes*, 131-140.

图 60　从窗户里看到天空的比例

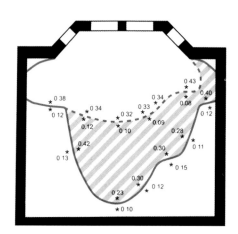

图 61　抱怨线——窗户前的房子建成前和建成后

与最大可见天空面积的比例，并由此定义相关的天空系数。在 1923年，经过一系列的实证研究后，工程师瓦尔德伦开窍了，并提出了 0.2% 的天空系数，指向"满足文书工作的一般性照明"的条件。[12] 他接着指出，若低于这个充足照明的条件，"通常人们就开始抱怨"。[13] 自那以后，这个值就被称为"抱怨点"，沿着这一点产生了所谓的"抱怨线"。这是一条虚拟的线，它指的是躺在一个房间的地板上，看

12　P. J. Waldram and J.M. Waldram (1923), *Window Design and the Measurement and Predetermination of Daylight Illumination*, 96.

13　同12。

到的天空若少于 0.2% 而且阳光不足，就会导致怨声载道。

在随后的几年中，经过多次讨论，英国决定将天空系数作为判断光照是否充足的标准，它成为"采光权"评估者普遍认可的方法。

在纽约的帮助下，瓦尔德伦的采光标准传到了大西洋对岸，他的图表成为《纽约区划条例》的一部分，在市郊则作为"日光评估图"[DEC] 而被熟知。"日光评估图借用行人的视野来表示：当他/她观察街道时，向左或向右 90° 扫视街道的视野。"[14] 在曼哈顿市中心，存在着三种日光评估图，对应着不同宽度的街道（60 英尺、75 英尺和 80 英尺的街道宽度，相当于 18 米，23 米和 25 米的街道宽度）。测量点皆是街的中心，距离被测建筑物 250 英尺（约 76 米）。

被测建筑用横纵视线构成的矩阵图分割：在矩阵网格中覆盖一定数量的日光方格。日光方格覆盖得越多，则对获得日光的满意度越高。然而，重点是位于一定高度的日光方格。在这个矩阵范围内，纽约有了自己的抱怨线，这条线简称为 70° 线，它从街中心测量点开始绘制，沿着 70° 的角度穿过建筑体量。它的使用理由如下：

"研究表明，70° 是中心区高层建筑后退街道的平均仰角，大部分低于 70° 线的阳光都会被这些建筑所遮挡，而板楼、塔楼或其他退台构筑物会对高于 70° 线以上的日光方格造成 25% 的遮挡。在建筑评价中，"日光评估图"用来测量 70° 线以上被遮挡的自然光。在 70° 线以下，建筑物会由于没有遮挡自然光而受到赞许。[15]"瓦尔德伦的实证调查与纽约的平均水平一致，因此被用来定义这里的自然采光门槛。

数据一般通过这样的事实来证实自己，从而将自身合法化。

及格的分数

尽管如此，这条 70° 线并非决定建筑退台高度的绝对依据，它仅仅确定了建筑物对日光被阻隔的值。但是，有一点很重要，这是建造后才能计算出来的！在这条线之下，没被阻隔的日光方格可以被赋予 0.3 分，在这条线之上，则被赋予 –1.0 分。[16]

14   The City of New York (2007), 81 – 272 *Alternative Height and Setback Regulations -Daylight Evaluation - Features of the Daylight Evaluation Chart.*

15   同 14。

16   The City of New York (2007), 81 -274 *Alternative Height and Setback Regulations -Daylight Evaluation – Rules for Determining the Daylight Evaluation Score.*

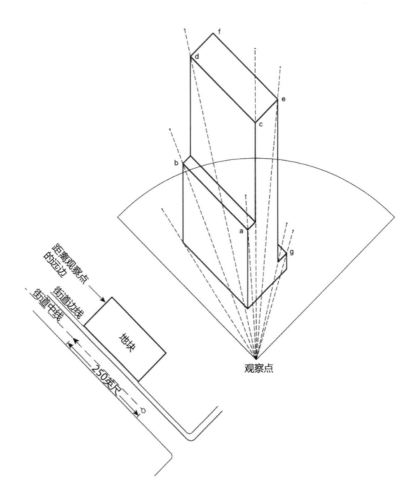

图 62a　街中心的观察点

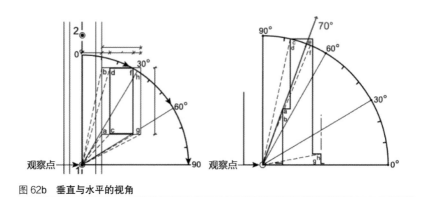

图 62b　垂直与水平的视角

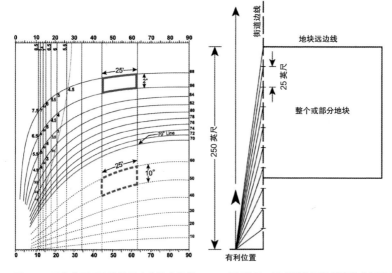

图 62c　只有高于 70°线的日光方格会阻挡日光

图 62d1　日光评估图的垂直和水平坐标（平面图）——另有划分更详细的日光方格（70°线以上）

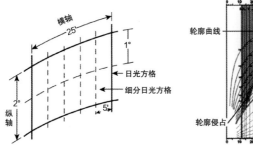

图 62d2　划分更详细的日光方格（70°线以上）

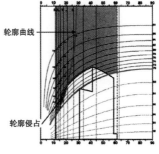

图 62e　建筑在日光评估图的表达

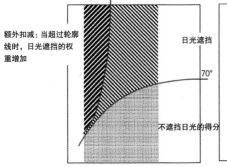

图 62f　哪个区域的日光方格被阻隔了

70°线以上被遮挡的方格	−20.5
70°线以下没被遮挡的方格	+0.0
额外突出物的分值扣减	−0.45
完全被遮挡	−20.95
现存的日光方格	89.9
剩下的日光	68.95
日光系数　68.95/89.90=	**76.70%**

图 62g　日光平衡系数的例子（对于一个视点来说）

被遮挡与没有被遮挡的日光方格的比例——后文简称为日光系数，它们的值由各种日光观察点决定。整个建筑的日光系数不能低于 75%，从一条街道上计算这个比例不能低于 66%，如果这些值偏低，业主也有许多解决方法可选择。其中一个就包含在法令第81—276 节中：更改反射率——选择具有强烈反光效果的外立面材质，业主便可建造出符合法律要求的建筑和城市。

1961 年，这些新的法规取代了 1916 年条例的相关要求。通过1916 年的条例，纽约以高度分区设定了与街道宽度关联的退台建筑最大高度值。那时候，曼哈顿有三个这样的地区，依据区位的不同，建筑体量的高度与街道宽度之比也不同，这个比例有的地区是 1∶1，有的地方是 1.5∶1，有的则是 2∶1 [SSR]。[17]1961 年法规中 66%—75% 的日光系数，其实相当于 1916 年条例中建筑高度与街道宽度2∶1 的街道采光要求。

建筑退台街道比
[SSR] § 4.13

那为什么还要在 1961 年推出这个新的规定呢？

1961 年决议推出该规定的理由是："如果建筑物某一个立面的日光系数小于 75%，那么它在其他的立面的系数就要高于 75%，以此达到综合的日照平衡。在保证了 1916 年和 1961 年的日光照明标准的前提下，这种方式使建筑设计变得更加灵活。"[18]

在这里，纽约创造了许多变化的可能性，并且以一种超越呆板数字的方式，为建筑塑造特色提供了发挥的余地。同时，它并不会增加行政自由裁量权，也不需要委员会的参与，所以不会产生社会不安或者造成其他建设延误。

在这种灵活的指导下，法则与审美原则之间的困境已被轻松克服。与数字相关的法规内容读起来像游戏的说明书，这个游戏就是"日光方格"，它与建筑物共同构成了一个三维的游戏场。从1961 年的决议开始，纽约高层开始了自我协商，建筑的某一边少建设一点，则在别的地方多建设一点……如果这里建设得再高一点，另一处位置就可能要更矮一些……固定的建筑样式被数字量化了，我们需要的是能满足最小需求的日光系数，而不是最小的退台建筑高度。

---

17 Willis (1995),71.

18 The City of New York (2007), 81-274 *Alternative Height and Setback Regulations—Daylight Evaluation—Rules for Determining the Daylight Evaluation Score.*

建筑退台街道比 Setback Street Ratio [SSR]

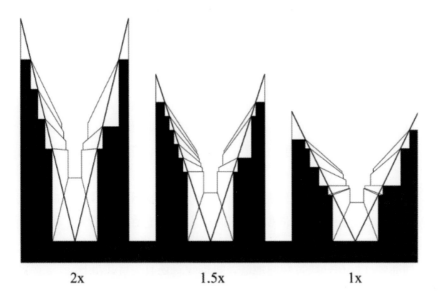

2x   1.5x   1x

图 63　依照建筑退台街道比形成的街道峡谷——退台建筑第一梯度的高度取决于街道宽度

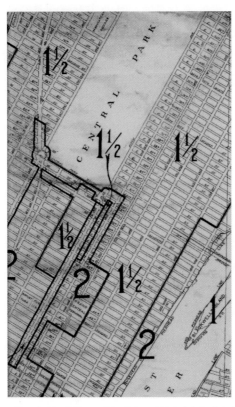

图 64　曼哈顿中心区街区高度划分图——详细说明了建筑高度与街道宽度之比（图 63）

5.3 你的邻里有多大

穿越街区的权利

[A]
上空权和邻居

[L]
中央车站街区，
纽约

当人与人之间相互影响时，我们才能体会到临近感。

在任何地方行走——沿着街道、建筑物内部、建筑物外墙——这条线都是我们假想的，它界定了区域，同时构成了相邻区域。它明确地指出了临近程度，但其实从地理上看，它本身只是一条单独的线和一个附加的区域。

在纽约，将地理分隔的区域与特定的权利和义务联系在一起，这种区划管控是一种非常受欢迎的工具——它在城市管理、高度控制、容积率、邻里关系、用途许可等方面非常常见，并构成了一系列准则。但在一些特殊的地区，每栋建筑还有一些扩展权。

在这样的区域，相邻地块的开发并非只有不受欢迎的特征，在许多情况下，它还有邻里梦寐以求的东西：曼哈顿中心的地块若已发展到被允许的极限，就只能羡慕和嫉妒它的邻居——邻居的土地若远没有达到最大的开发程度，其业主有权在其空余空间建造办公楼而获利。在高地价的地方，这是一个绝妙的主意。

开发权转移
[TDR] § 5.14

在纽约（不仅只有这里），未被极限利用的土地还有另一种选择：他们可以把建筑上空的空间开发权出售给虎视眈眈的邻居 [TDR]，那些潜在的建筑空间将成为邻居的财产，空间使用权则被永久性地转移。问题是：这种权利在多远的距离内能够出售？一个直接毗邻的邻居？或是街的对面？还是相隔两个街区的距离？到底怎样才能算是一个"邻居"？

在 1992 年，差不多是宾夕法尼亚州中央铁路公司在最高法院败诉的 15 年后，纽约中央火车站依然原地屹立，像一个矮子被夹在曼哈顿中心的高大邻居中间，纽约中央火车站还拥有非常大的潜力[19]，因为它的上空相当于还有两栋克莱斯勒大厦的空间——将近 20 万平方米的未利用空间。[20] 但是它能够用来做什么呢？它的所有者宾夕法尼亚州中央铁路公司乐意将这权利卖给纽约中央火车站的邻居，但是在邻里的空间尺度上，受区划限制，相邻的区域并不是

19　图 54，第 142 页.

20　David W. Dunlap (1992), *Grand Central Owner Seeks Broader Use of Air Rights.*

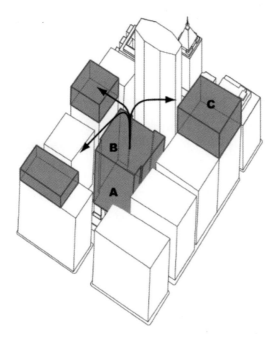

图 65　潜在的开发权转移
历史地标（A）的上空开发权；（B）可以被转移到其他位置，并以额外增加的建筑高度；
（C）体现在其他建筑物上

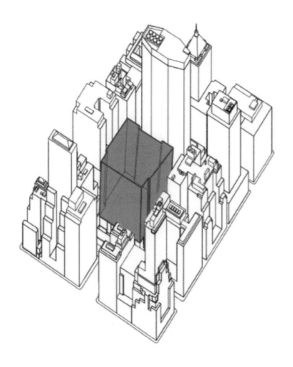

图 66　中央车站的建筑上空开发权：车站毗邻地区没有合适的可增加建筑体量的区域

增加建筑体量的合适场所，面对这种情况，要怎么办呢？

已经有很长时间没从该车站发出长途列车了，纽约中央火车站试图将它的建筑上空权转移到其他更远的地区，转移距离不只是相邻或者仅隔一条街，而是相隔了许多街区。因此宾夕法尼亚州中央铁路公司提议，建立一个扩大的中央车站特别区域 [SD]，这个特区比城市规划中政府规定的面积要大 29 个街区，在这个特区内没有使用的建筑上空权可以自由地转移，不必局限于相邻或者是对街。但这个提议立刻遭到了城市规划部门的拒绝：禁止长距离转移该权利。这时，车站的候车室也被精细地修复了！

特别区域
[SD] § 3.01

前几年越来越明显的是，宾夕法尼亚州中央铁路公司难以出售其建筑的上空权，除非建立一个特区机制：在这个特殊的区域内，建筑的上空权可以无限制地转移——甚至转给那些不直接与车站相邻的建筑。最终，这个特区从东 41 街延伸至 48 街，从麦迪逊大道延伸至列克星敦大道。

在纽约中央车站建筑上空权的帮助下，中心容积率可以达到21.6，而在街道的边缘，容积率也从 15 提升到 16。规划主管部门确定了 15 个潜在的特区位置，此外，还规定了各个开发项目必须提供的"公共设施"，并且表示新的特区会在车站附近建立完善的公共设施，从而既可以在公众面前保全规划部门的面子，又巧妙地掩盖了其屈服于宾夕法尼亚州中央铁路公司的压力，证明了规划部门的权威仍在：如果该公司被剥夺了自由出售和分配上空权的权利，那么它将利用自己的权利，尽快地在车站上建一座新的塔楼。[21]

即使纽约中央车站特区实际上比宾夕法尼亚州中央铁路公司设想的要小得多，但这种人为扩大的可转让区域带来了一种非常奇特的现象：纽约中央车站特区的外围，地块从车站获取上空权，从而提高了车站权益的利用率，但其实彼此根本看不见对方——因为隔得非常遥远，很难看到对方。

有了这样的规则，规划当局发现自己陷入了一个真正的困境：起初，为了满足保护主义者的要求，引入了建筑上空权的转让：因为一些有历史保护价值的建筑物，以相对较低的经济效益占用了土地。为了使它们不影响经济效益，通过这种方式减轻经济压力，这样尽管建筑本身的效率非常低，但业主依旧可以从开发权转移中获

21　David W. Dunlap (1992), *Grand Central Owner Seeks Broader Use of Air Rights.*

取利润。如果由这种开发权转移仅局限于邻近地区，则会带来麻烦，有人会说"你们削减了这种权利的潜在市场，并可能使地标附近出现巨大怪物般的标志性建筑……"[22] 在这个过程中，"猪从一个客厅跑到了另外一个客厅"。[23] 这是诺曼·马库斯（Norman Marcus）的话，在 1979 年被《纽约时报》引用了，当时他是纽约市规划委员会的顾问。另一方面，马库斯指出，"理性的法律关系可能会缺失[24]，这将会导致建筑上空权在更远的距离进行转让。在《纽约时报》的一篇文章中，他提到了某地的建筑上空权可能跨越纽约港转移去曼哈顿下城。他提出"太大的可转让范围可能会导致规划失效，使标志性地块的合理化利用不足，但对另一个地块的过度建造又只能采取容忍措施。"[25]

也许只有建筑阴影互相影响的区域，才能称为真正的邻里范围吧？

演进中的义务：英国的非自愿好人

在发展过程中不仅存在权力，还存在义务。英国的开发商往往承诺，为了提高城市生活质量，他们会将经济适用房纳入项目里。但是有史以来最大争议是，这些经济适用房是否能够与其他主要建筑占据相同的区位？

[A] 撒切尔

[L] 英国

在 20 世纪 80 年代，玛格丽特·撒切尔（Margaret Thatcher）和她的政府解除了英国市政府提供经济适用房的长期义务，政府的经济适用住房计划[26] 被淘汰，并且没有任何的替补措施，因此这种需求现在只能由市场自行调节。1990 年，旨在支持和利用市场机制的《城市和乡村规划法》规定 [106]：

106 协议
[106] § 5.03

"规范土地开发或使用的协议：

（1）地方规划管理部门，可以与其辖区内拥有土地权益的任何人签订协议，以限制或管理土地的开发或使用，可以是永久性的，也可以根据协议协定期限。

22　John Costonis quoted by Carter B. Horsley (1979), *In the Air over Midtown: Builders' New Arena*.

23　诺曼·马库斯引用，同 22。

24　诺曼·马库斯引用，同 22。

25　诺曼·马库斯引用，同 22。

26　提供经济适用住房的主要原因是留住城镇中的关键就业者（譬如那些在公共服务领域的从业人员：教师，公交车司机等）。

（2）任何此类协议皆可有附属条款（包括财务条文），以响应地方规划部门对该协议的需求。[27]"第106条协议被认为是迫切需要的经济适用房的主要推动者，如果某一建设项目超过一定的规模时，按照协议规定必须提供一部分经济适用房。在激烈的公众辩论过程中，针对伦敦所有的私人住宅开发提案，该经济适用房比例从30%到50%不等，但当时的伦敦市长肯·利文斯通（Ken Livingstone）明确主张应该采用更高的数字。考虑到较便宜的经济适用房必须在同样的区位，市长希望出现一个理想的情景，即社会平衡的混合社区。"[28]

尽管如此，还是出现了反对的声音：第一，开发商并不总是愿意将经济适用房统一到各自的项目中。因为伴随着经济适用房的存在必定会涉及社区质量下降，这是开发商难以接受的。所以便宜的住宅会被转移到数公里远的地方，在区域的另一端，与其他高级住宅不在相同的区位——这就结束了混合住宅区的可能性。第二，开发商和业主都不愿意承担所有的费用，因为将这些项目的最后受益者是公众，开发商并不能获取利润。所以在大多数情况下，第106条协议所涉及的额外费用都由购买昂贵住宅的买家承担，其结果是一个几乎自相矛盾的情况：正是由于经济适用房的产生，私人住宅区的价格上升了，这只会让贫民更加无法住进私人住宅区，贫富差距进一步扩大，并持续依赖政府的支持。

27 United Kingdom Legislation (1990), *Town and Country Planning Act 1990, Chapter8: Section 106.*
28 参见 Mayor of London (2005), *Housing—the London Plan Supplementary Planning Guidance (SPG),* 59.

第6章

法则、习俗与格言：20世纪60年代纽约的地方规则、官方与非正式的制度

    官方的规划控制常与当地的经济、文化和特色冲突，因而官方的法规也会根据当地的情况进行调整。当规划得以重新修订的时候，这种情况会特别明显。为此，本章将20世纪60年代的纽约作为重要的研究案例——从1916年到1961年，该市的分区条例第一次进行了全面修订。

除了纽约的其他地方

估计爱德华·巴塞特（Edward M. Bassett）非常想知道，他的分区条例是如何改变纽约市的。1916年，他的分区条例被实施——这对他和委员会的同事们来说是一个圆满的成功。但还存在一个问题：巴塞特意识到他引进的这个新奇事物会面临巨大风险：迟早有一天，这个新条例会面临法庭的质疑。尤其在其他城市都没有类似实践的情况下，新条例很难在法庭站稳脚跟。

他唯一可以做的就是——尽快消除人们对纽约分区条例的陌生印象。在最理想的情况下，不只是纽约，其他城市也尽快颁布自己的分区条例。这样，当纽约的分区条例被搬上法庭时，它的拥护者至少可以指出，类似的分区法已经在其他许多城市获得了批准。[1]

为了有效地维护1916的纽约决议，巴塞特必须前往芝加哥、旧金山、波士顿、洛杉矶等其他城市。因为如果想要新的分区条例在纽约生存下去，就必须让它成为大众接受和熟悉的东西。

这就是巴塞特先生成为美国最终分区制改革者的过程。

"在接下来的20年中，我几乎走访了每一个州和全美所有的大城市。（……）在这个过程中，我在贸易委员会、立法机构、州和市之间演讲，协助起草了分区条例和分区授权法案，试行了分区案例，并在上诉法院前检验了这些案例。"[2]

他在各地宣扬分区制的优势。1922年11月13日，在芝加哥房地产委员会的一次讲话中，他满意地说道：纽约的建筑师和业主已经开始喜欢这种由建筑退台[3]所产生的金字塔形式了！这预示着：城市法则已经在治理风格品味！

这种标准产生了大批趋同的建筑风格，从另一个方面来说，标准也可能会形成一个公认的、规范的审美标准。到最后，你都无法想象一栋非退台形态的高层建筑长什么样——即使完全不了解条例的地区也是如此，因为已经见惯了这种退台型的高层建筑，纽约婚礼蛋糕般的建筑饱受欢迎。

20世纪20年代，上部逐渐缩进的退台形式成为高层建筑的主流表现方式，个体间的差异微乎其微。它们最显著的差异只在于建筑的外观——材料、开窗样式和装饰物，退台建筑最受欢迎的材料

1　Toll (1969),195.

2　Edward Murray Bassett (1939), *Autobiography of Edward M. Bassett*, 122.

3　Toll (1969),196.

图 67　东 54 街的不对称双胞胎

包括石灰石、砖、陶土、金属，以及 1937 年引入规范的玻璃。除此之外，建筑的特色差异不大。"退台建筑的手法是如此强大，以至于很少有建筑师试图改变这种模式。"[4]

不对称的双胞胎

　　在邻近纽约公园大道的东 54 街上，如果你面对车流，可以看到两栋对立的建筑：它们看起来跟上面的讨论完全矛盾：两栋建筑的立面类似，但是在形式和体量上却完全不同，这两栋建筑

[A]
利华大厦和公园大道 400 号

[L]
纽约

4　Wills (1995),102.

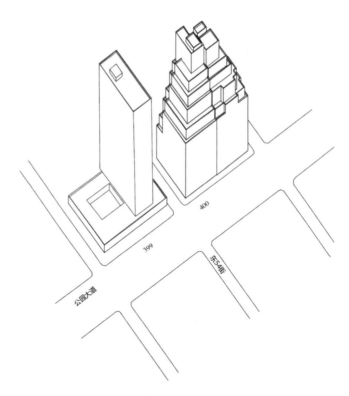

图 68　利华大厦（1952 年）和公园大道 400 号（1958 年）

自 1958 年以来就并肩站在这里（要知道，这时 1916 年的分区条例依旧生效）。左边的公园大道 390 号是 1952 年戈登·邦沙夫特（Gordon Bunshaft）设计的利华大厦（Lever House），是玻璃幕墙的先锋和建筑界的超级巨星。

而右边呢？

这是一栋被人们简单称为"公园大道 400 号"的建筑，没有其他名字了。它静静地站在那里，没有吸引到人们的关注，也没有自己的名字；它建于 1958 年，像是一个创造利益的机器。它是建筑退台样式繁衍的产物，养尊处优地站在公园大道上。本来它毫不起眼，甚至不会成为游客的打卡点。幸运的是，在游客拍摄利华大厦的照片背景中，可以看到不被注意的"公园大道 400 号"。"公园大道 400 号"作为一个身材魁梧但默默无闻的小兄弟，站在利华大厦身边，它的使命只能是劳碌无名——将脚下的土地变成金钱，最后随着时间流逝消失在人们的视野里。相比之下，利华大厦的使命则简单得多——因为它什么也不用做，只需要保持它的高贵、奢靡和低效益的苗条。

从另一方面来说，"公园大道 400 号"做得很好：它严格满足

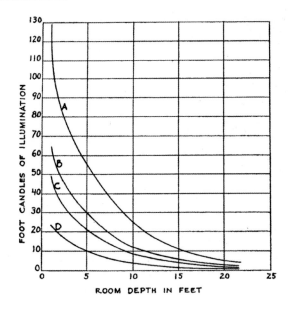

图 69　办公室自然照明的程度取决于房间的深度

了相关规定允许的最大尺寸。当然，这并不符合欧洲高层前卫派的审美观点，但确实发挥了有用的价值——比如在现代人工照明的创新应用方面。只有通过人工照明的技术创新，"公园大道 400 号"这样的建筑才能经受住体量的膨胀——虽然这种建筑的最终还是会走向消亡。

当第二次世界大战结束后，荧光灯、高效的电梯系统以及空调才开始在 1916 年分区制下充分利用。休·费里斯的《明日的大都市》[5] 已经变成了现实，现在不用虚拟未来了，这个城市已经把书中的未来变成了现实，费里斯所说的"粗制黏土"也已经成为如今标准化模块的一部分。

但在这些技术创新之前，为了满足办公室能被自然光照亮，塔楼必须变得更薄，才能让足够的光线进入 [NLD]。因此，分区制限定的最大建设空间其实远超过它本身可以实现的范围。1916 年的法令就是建立在这种精确条文及被误解的自然法则之上的。

办公室自然采光深度
[NLD] § 7.02–14

5　Ferriss (1929).

技术的进步使办公大楼摆脱了对自然和地理的依赖。密集、杂乱的街区增多，迫使规划师开始关心容量了。令人惊讶的是，纽约市可容纳上亿名新员工。[6]

在这一时期，尽管有的塔楼体量细长，但并不是自然或规范的控制结果，而是充分展示了其业主的虚荣心。

20世纪50年代，在同一层能出租2300平方米的建筑面积并不稀奇[7]，业主并没有义务提供大窗户或者高顶棚，更多的是一层一层地把建筑叠起来罢了。仅有少部分建筑利用了1916年分区条例的其他选项——将一个高细的塔楼放置在大基座上。这样，四分之一的地块达到它的最高高度。但追求最大高度的比赛已经成为过去，舒尔茨（Shultz）和西蒙斯（Simmons）在1959年出版的《高耸入云的办公楼》中写道："1947年以来在曼哈顿新建的109座建筑中，只有20座高达30层以上，其中只有5座超过40层。"[8]

这种与公园大道100号或400号的高度和宽度几乎相等，却没有名字的建筑，作为一种独特的类型进入了纽约（建筑）历史。20世纪50年代，这种大体块的建筑 **[BBT]** 诞生了。1952年，纽约房地产委员会的管理层罗伯特·柯蒂斯（Robert Curtiss）先生指出，纽约有45栋这种建筑已经建成或者正在建设中。[9]

大体块的建筑
[BBT] § 7.02–16

向前进！

第二次世界大战结束后不久，以公园大道445号为代表的极简主义国际风格——肥肉丸子的时代开始了。这栋建筑在1947年完成，并命名为环球大厦以纪念其主要的租客。它是战后的第一栋建筑，也是纽约第一栋不被气候影响的[10]办公楼——以退台的极简美学为特征：这座高22层的大楼先将整个街区填满了12层，12层以上开始采用退台形式。"这个设计[由建筑师伊利·雅克·卡恩（Ely Jacques Kahn）和罗伯特·艾伦·雅各布斯（Robert Alan Jacobs）设计]结合了传统的坚固感、自由的地平线和退台审美。[11]"

6   见 *Underdetermination—Overzoning*, p.98.

7   Shultz (1959), 248.

8   同7, 249.

9   同8。

10 "These buildings are modern. primarily because they are air conditioned." Lee Thompson Smith, president of the Real Estate Board of New York, 1950.In Wills (1995), 136.

11 Robert A.M.Stern, Thomas Mellins and David Fishman(1995), *New York 1960: Architecture and Urbanism between the Second World War and the Bicentennial*, 333.

图 70　公园大道 445 号的环球影业大厦（1947 年，卡恩和雅各布斯创作）

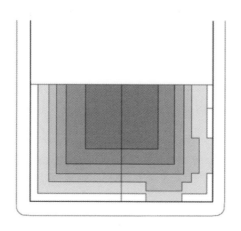

图 71　公园大道 400 号、410 号及它们的"树木年轮"——取决于邻近街道宽度的建筑退台

卡恩和雅各布斯以石灰石和玻璃的交替，通过凸出楼板实现这一点。因此，这座建筑与埃里希·门德尔松（Erich Mendelsohn）的作品相似，也与密斯·凡·德·罗 1922 年的混凝土办公楼项目相似。[12] 与之前的建筑相比，这类建筑外部特征不受任何内部结构的制约，因此专家批评人士很快就谴责它的"不纯粹"。

12　同 11。

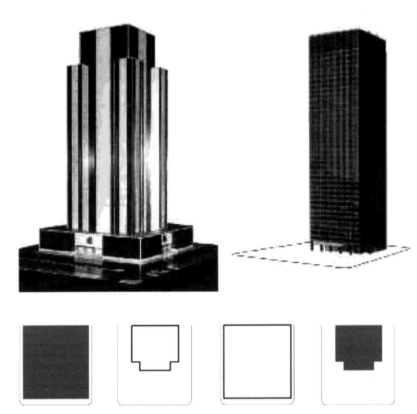

图 72　佩雷拉（Pereira）和卢克曼（Luckman）1954. 提出的西格拉姆大厦方案，巨大的"点烟器"（建筑四角）和"大奖杯"（建筑基座）依旧遵循大体块的建筑模式　　由密斯·凡·德·罗完成最终设计

然而，这种不安可能也源于看起来精神分裂的做法。

一方面，公园大道 445 号力求散发优雅和活力；另一方面，这座大楼的体量，据猜测已经达到了极限。通过建筑的后退线可以确认，即使不用做多少设计也可以实现以上两个方面。如果一栋建筑的三面被不同街道环绕，那么每个立面都会受到不同的条件约束，建筑后退的高度上限与对应的街道相关，因此，三个面所对应的高度上限都是不一样的。

卡恩和雅各布斯根据这个原则设计了立面：建筑的体量直接来自 1916 年分区委员会的法则。

在 1961 年条例修订之前，即便是细长的建筑也由 1916 年分区条例所管控。这种苗条的建筑都是著名的大公司总部，因为只有他们能够支付得起。而那些投机地产商的产品都是厚重且没有特色的。

为了保障设计的自由度，建筑师只有一个选择：尽可能远离被允许的上限。但前提是，客户能欣赏该做法的价值，或者至少愿意放弃对地块的最大利用。其中就包括利华大厦和西格拉姆大厦，这

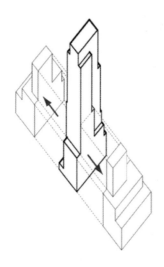

图73　苗条的每日新闻大厦放弃了它本可用来营利的部分

些建筑的奢华之处就在于其周围的剩余空间。其实在更早的时候，建筑已经开始放弃部分获利的空间，追求更具个性的外形，最终获得更加奇特的外观。纽约建筑师雷蒙德·胡德（Raymond Hood）曾参与其中的两个：第一就是 RGA 大厦（今天的通用电器大楼），是洛克菲勒中心最高的建筑物，建于 1933 年；第二个是建于 1930 年的位于第 42 街的每日新闻大厦。雷蒙德·胡德说服了他的客户，在较低的楼层建造比分区条例上限更少的办公空间，以形成一种更引人注目的形体。面向第 42 街的立面，每日新闻大厦取消了退台拔地而起（它的背立面则有多级退台）。这种高耸直立的效果不仅来自退台的减少，也来自大胆的支撑体系模式：建筑立面不再是白色的砖墙，而变成了暗色的窗格以及黑白相间的窗棂。[13]

　　但这种例外也让人感觉——除了纽约，几乎所有的地方都在建造优雅、纤细的建筑。

　　而且，问题很快就被聚焦了！ 1960 年 6 月 12 日，将成为《纽约时报》首席建筑评论家的艾达·路易丝·赫克斯塔布尔（Ada Louise Huxtable）在一篇文章中写道："目前，只有通过这种经济牺牲才能实现更好的设计。利华大厦、西格莱姆大厦、百事可乐大厦和新联合碳化物公司等的总部——公园大道上所有著名的建筑——都是非常好的例子，在这些建筑中，可出租营利的空间被自愿放弃，建筑的规模小于规定的上限。独具特色的建筑形式、充满阳光的广

13　Wills (1995),102.

场、宽敞自由的空间，都是通过牺牲部分经济效益取得的。"[14]

赫克斯塔布尔女士并没有怪罪于经济压力，而是批评基于1916年版本修改而来的分区条例。而事实上，她也并没有真正批判该条例，而是批判了其对立面：不当的三维控制给纽约的开发商带来太多的自由。她呼吁制定统一的规定：建筑应该像统一的设计品牌服装一样，贴上"MIES"和"SOM"的标签。她真正要批判的，是太高的自由度。在同一篇文章中，维克托·格鲁恩（Victor Gruen）更明确地提出了这种指责："大型建筑物的开发商和建筑师只是环境的受害者，真正的错误在于，这个全国最大的城市依然没有总体规划，我们允许随意建设，不关心交通，法律并没有鼓励好的开发商，相反，却鼓励了那些充分剥削土地的投机开发商。"[15]

纽约很快将拥有它的总体规划，但完全不同于格鲁恩的愿景，且以更为强烈的形式呈现。

时代的翻转：1916 年和 1961 年

在 20 世纪 50 年代末，艾达·路易斯·赫克斯塔布尔迷上了密斯·凡·德·罗，她欣喜若狂地说："新建筑是洁净、轻盈、宁静并充满感觉的。稀有的大理石、丰富的青铜器、异域风情的木材，再加上钢铁、混凝土、精美的丝绸、柔软的地毯和奢华的室内暖色调，这些都是优雅的，甚至是富丽堂皇的。即使玻璃墙对许多人来说依然意味着冷漠和不隐私，但它们的透明度、颜色和反射能力也提供了令人满意的亮度和洁净度……这种新建筑可以从物理和心理上照亮峡谷般的街道空间。"[16]

许多人同意这一激动人心的赞歌，并最终打动了纽约规划委员会。1961 年，委员会提交了对 1916 年条例更深入的修订案。稳重、独立的塔式建筑形象，如西格拉姆大厦，成为条例公认的、具有法律约束力的理想和追求。

让我们再次回顾爱德华·巴塞特曾在 1922 年说过的话："纽约的建筑师和业主已经开始真正喜欢和欣赏这种因为建筑退台控制所产生的新的金字塔形式了"。[17]

1961 年是从"规则决定风格"到"风格决定规则"的时代转变。

---

14 Ada Louise Huxtable (1960), *Towering Question: The Skyscraper*.

15 同 14。

16 同 14。

17 也可参见 *Anywhere but in New York* (P.166.), quote by E. M. Bassett in Toll (1969), 196.

容积率 [FAR]

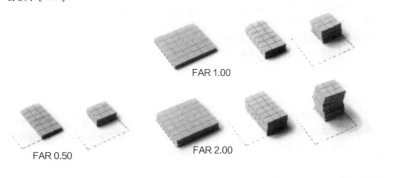

FAR 1.00

FAR 0.50

FAR 2.00

图 74　容积率的计算

1916—1961 年，关于新建筑形式的意见走向了完全相反的方向。1961 年，随着纽约走向现代主义，新的建筑形式变成了法规的现实：完全颠覆了对开放空间的认知。"旧的条例被舍弃了。旧条例源于传统的街道空间，即街道空间由街区建筑物外墙构成。而新条例则鼓励在大广场旁建造独栋摩天大楼——这是一个'开放'的城市，一个鼓励公共空间多于鼓励建筑体量的城市，一个按照新法规的全新城市，它将成为一个具有连续开放空间的乡村主义大都市。"[18]

街道作为主导要素的传统在改变，建筑退台距离与街道宽度的紧密关系也在消亡 [SSR]。

建筑退台街道比
[SSR] § 4.13

新的通用语言：从形态到数字

城市的密度拥有了自己的名称——容积率，或者被称为 FAR [FAR]，这是城市规划的专业术语。[19] 罗伯特·摩西在《纽约时报》嘲笑它为"字母口号"[20]，它由纽约咨询公司沃希斯、沃克、史密斯夫妇（Voorhees, Walker, Smith & Smith）创造，容积率代表了场地面积和所有楼层建筑总面积之间的关系，这可能是 20 世纪美国城市规划最伟大的创新。有了这个伟大的创新，土地利用率变得可以量化，因此可以进行比较。通过这个比例，城市规划成为一个全球性的事件（各个城市的容积率可以用来比较）。最终，抽象的货币

容积率
[FAR] § 7.01-1

18　Stern (1995),9-10.

19　也叫楼面面积指数(FSI, Floor Space Index)。在德国，这个比例也称为 "Geschossflächenzahl." (GFZ).

20　The New York Times Editoral (1960), *Mayor Criticizes Moses on Zoning—Makes Light of Attack on Floor Area Ratio Plan to Prevent Overbuilding.*

在城市中也找到相应的对象。这个抽象关系所产生的效果，也不再抽象了。突然间，芝加哥的城市密度可以直接与纽约或柏林的密度进行比较了。现在，城市密度不仅可以与其周边环境相比较，而且可以与整个世界相比较。

城市连续性：相关的度量单位不再是相邻建筑物，也不再是城市环境，而是地块内的建筑本身。最终，建筑的规模由建筑的高度和建筑的面积决定。

客户和开发商需要考虑的内容减少了，西格拉姆大厦就是典型的范例：每栋大楼只需关心自己的场地。因此，一种完全自我参照且逆城市关系的现象出现了，但也有一些优点：该公式限制了每100英尺地块面积所对应的建筑面积。规划委员会强调，这意味着开发商拥有更大的设计自由度。[21]

容易理解的是，这个比例本身并不现实存在，不管容积率的大小如何，都能建造出与西格拉姆大厦或者公园大道400号类似的塔楼。与确定后退距离和可建设范围相比，一个简单的容积率并不能完全控制建筑的体量——它必须与其他规则和约束相配合使用。

置于顶部之上

从1961年开始，只要提供补偿性措施，法规的上限是可能被突破的。如果说，之前的体量控制是绝对上限的话，那么容积率控制则是一种松绑后的相对标准。比如，15的容积率不再是一个最大值，而是城市与私人业主协商城市形态的初始标准，业主可以超过这个值，但要给城市返还一定的回报。20世纪50年代的曼哈顿，公共设施紧缺，整个城市几乎没有高质量的公共开放空间 [PB]。根据新的规则，如果私人地块能提供此类空间，就可以使高层建筑合法地变得更高。通过这种形式，"广场塔楼"的美学思想在经济上得到了合法运行。"虽然新法规并没有禁止，但容积率有效地结束了大体量的建筑标准，因为带开放空间的塔楼提供了更高的收益和价值。"[22]

但是，城市与开发商对价值交换的可接受程度，一般取决于当时经济压力下的容积率范围设定。纽约并不是第一个采取这种鼓励措施的城市，芝加哥才是。在1957年修订的分区条例中，可以看到这种新的规则："如果您能给我们一些回报，我们将允许您（开

广场奖励
[PB] § 7.01-4

21 同20。
22 Wills (1995),141.

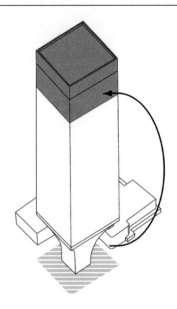

图 75　体积从地面移到到顶部：西雅图 157 米高的拉尼尔（Ranier）大厦 [1997 年由山崎及合伙人事务所（Yamasaki & Associates）设计]

发商）部分超额开发。"[23]

　　尽管如此，实际上，芝加哥条例可允许建设的容积率被设置得非常高，以至于几乎没有人需要通过提供城市公共空间，来获得这个"广场奖励"。

　　纽约的情况则完全不同：1961 年纽约颁布的奖励规则成功地协调了许多私人利益，市长获得了梦寐以求的公共空间，开发商获得了更高的利润，建筑评论家艾达·路易丝·赫克斯塔布尔的纤细优雅的塔楼之梦成真了。

　　这看似是一个美满的结局！

　　前提是若这种公共产品的经济（正如 1968 年加勒特·哈丁描述的那样），并未鼓励过度利用和过度开发 [TOE]：

过度开发的倾向
[TOE] § 1.08

　　经济过度开发："第二次世界大战后的建筑业开始繁荣发展，这是投机者在 1916 年相对宽松的法规下快速建设造成的（势不可挡的惯性）。但是城市容纳新办公和居住空间的能力巨大，也让新的分区制快速成名了——比 1916 年分区制所带来的变化要快得多……"[24]

23　Clifford L. Weaver and Richard F. Babcock (1979), *City Zoning——the Once and Future Frontier*, 58.

24　Stern（1995），9.

图 76　引人入胜的公共空间：18 世纪的罗马（左）和 20 世纪的纽约（右）

　　"在纽约，这种激励机制导致了办公空间过剩，研究员杰罗德·凯登（Jerold S. Kayden）得出结论。1963—1975 年间，纽约的广场奖励产生了 7940792 平方英尺（737700 平方米）的建筑面积，导致写字楼市场的空置率居高不下，且租金价格逐渐下降。难怪赫尔姆斯利先生（Mr. Helmsley），曼哈顿最大的开发商之一，在报道中表示，就在宾夕法尼亚州广场一号的建筑上，他很后悔接受纽约慷慨给予他的 29000 平方米的奖励。"[25]

　　美学的过度开发：新的分区制解放了纽约，国际风格的浪潮不断冲击这座城市。在随后的几年中，过去罕见的造型开始批量生产，西格拉姆大厦和利华大厦的高档外形很快成为时尚。"婚礼蛋糕"最终被"切片蛋糕"所取代："旧的城市分区在第五大道和公园大道建造了婚礼蛋糕建筑，而新的奖励制度激励了新的广场一代……以大体块建筑的牺牲，换来了城市更多的开放空间。"[26]

　　公共空间的过度开发："新的城市主义瓦解了传统的城市，它的作者或许没有清楚地认识到，传统街道建筑的消失，也会导致传统街区生活的消失，也许还有邻里关系的破碎……1960 年是另一个具

25　Weaver (1979), 58.
26　同上。

180

有高度讽刺意味的重要转折点：新的分区制正在准备实施，其采用的许多规划理念正遭受着严重的批评和质疑。这是简·雅各布斯在 1961 年出版的《美国大城市的死与生》中提出的新思想。所以说，旧秩序逐渐消失的时候，恰好是它的优点被重新发现的时候……"[27]

这种公私利益的结合，让人想起 1748 年 G.B. 诺利（G.B.Nolli）描绘的罗马公共空间。[28] 事实上，若绘制出曼哈顿中城的一层平面图，其公共空间的多样性，将会比诺利 1748 年所描绘的罗马更引人入胜。这幅地图显示了大量明显由私人建设的公共空间。这些空间的存在并不是为了减少税收负担，而是努力提高利用率。当然，是提高私人地块上空的利用率。

寒冷的荒地

1969 年，社会学家（简·雅各布斯的导师）威廉·怀特加入了纽约规划委员会。他观察了建筑环境中个人的行为和活动，特别是他们如何使用空间，以及为何有时候会嫌弃某些空间。根据他的说法，行人用脚来判断公共空间的成功与否 [PSA]。

他配备了摄像机（包括静态的和动态的），在两个研究助理的帮助下，得出了非常明确的结论，其中很多都是老生常谈："这可能不会令你耳目一新，"他喜欢这么说，"但人们确实喜欢坐在有位置坐的地方。"

具有讽刺意味的是，正是在西格拉姆大厦，国际主义风格的起源地，怀特找到了最成功的广场，城市也找到了推广广场奖励的理由。然而，密斯·凡·德·罗和菲利普·约翰逊（Philip Johnson）偶然取得的成就，其他建筑师即使尝试了也难以实现。根据他每天观察广场所收集到的信息和数据，怀特冷静地总结道："很难设计一个完全无人问津的地方。但值得注意的是这个地方吸引人的频率有多高，以及人们愿意在这里待多久。"[29]

另一方面，菲利普·约翰逊回忆说，"当密斯·凡·德·罗看到人们经常坐在广场边缘时，他肯定会很惊讶，他做梦也没想到他们会这么做。"[30]

公共空间认同
[PSA] § 1.10

27　Stern, (1995), 9.

28　详见 *Sugarcoated Public Space*, p.198.

29　Rutherford H. Platt and Lincoln Institute of Land Policy (2006), *The Humane Metropolis: People and Nature in the 21st —Century City*, 236.

30　Quoted by Jerold S. Kayden, Then New York Dept. of City Planning and The Municipal Art Society of New York (2000), *Privately Owned Public Space: The New York City Experience*, 11.

1977 年,《纽约时报》首次表达了它对广场奖励制度的不满:"不幸的是,这座城市经常出现一些伪装的广场——住宅旁经过装饰的街道,或是笼罩在阴影下的角落空间。这些所谓的"公共空间"其实已经被墙壁围死了,毫无"公共性"可言。虽然种植了树木,但这些树木很快就会死亡,只剩下丑陋的干枯枝条。当这些现象出现时,法规必须有所改变……规划委员会还是过度控制了,虽然一些要求已经明显放宽,比如对铺地材质和树木间距的要求等,但我们仍然质疑对商店招牌之类的严格控制,也质疑艺术品(其质量难控)、售货亭、游戏桌等选择性便利设施的必要性。因为实际上,阳光、座椅、绿化和无障碍设施本身就足够了,而且可以避免对城市细节的过分控制。分区控制不应该影响设计的自由发挥……不过,要让广场成为一个真正的公共设施,而不是一场骗局,这种管理的原则必须是健全的,其纠正行动也是必须的。"[31]

《私人拥有的公共空间》[32]一书的作者杰罗德·凯登(Jerold S.Kayden),展示了其在私人地块内发现的 500 多个广场、公园和中庭。据他介绍,1961—2001 年分区条例修订期间,全市共建设了 82 英亩以上的公共空间。许多公共空间都存在质量问题,但由于公共空间的奖励制度,他们因此合法生产了 160 万平方英尺的高利润办公空间。

在那些年,纽约决心挑战社会学家汉斯·保罗·巴德(Hans Paul Bard)所提出的,将"私人"和"公有"作为区分城市形态特征的重要方式。巴德认为,"城市是一个系统,日常生活以公共或私人两极分化的形式展开。公共和私人领域泾渭分明且密切相关,但难以定义为'公共'或'私人'的领域则失去了它们的意义。两极分化得越强,公共和私人领域的交流就越密切,从社会学角度来看,城市总体的生活就越'城市化'。并且,一个小小的地块也会在某程度上体现城市的这类特征。"[33]实际上,纽约的实践即使没有消除这种两极分化,也在两极间产生了相应的过渡地带。

城市再造

1958 年,即在收到委托书的两年后,纽约的建筑规划公司沃克斯、沃克、史密斯夫妇出版了《纽约市分区决议提案》的完整报告。[34]

31 The New York Times Editorial (1977), *A Little Zoning Is a Good Thing*.

32 Kayden (2000).

33 引自:Aldo Rossi (1982), *The Architecture of the City*, 86.

34 Voorhees Walker Smith & Smith (1958), *Zoning New York City; a Proposal for a Zoning Resolution for the City of New York*.

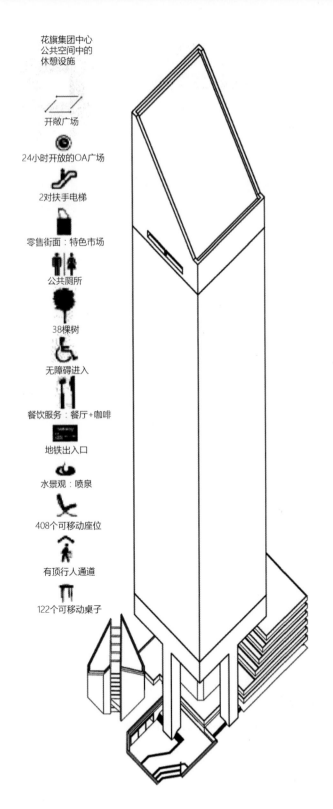

花旗集团中心
公共空间中的
休憩设施

开敞广场

24小时开放的OA广场

2对扶手电梯

零售街面：特色市场

公共厕所

38棵树

无障碍进入

餐饮服务：餐厅+咖啡

地铁出入口

水景观：喷泉

408个可移动座位

有顶行人通道

122个可移动桌子

图 77　279 米的花旗集团中心大楼的堆叠式休憩设施 [1977 年，由斯塔宾斯事务所（Stubbins Associates）和埃默里·罗斯事务所（Emery Roth & Sons）设计，现在是花旗集团总部。]

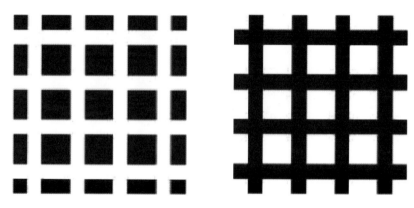

图78 空间为正片而不是体量为正片：1961年纽约的逆转

经过公开咨询、数轮修改，并经过专家们多次的直升机巡查检验后，该报告于1961年被法定化为纽约市的新分区决议。

作者们把新的分区条例与旧条例进行了对比，新法令的大部分内容都是遵循1916年条例的。旧的条例建基于退台建筑的可建设空间，沃克斯的报告从公众的角度指出这是为了防止建筑物遮挡邻居的光线。而对建筑物的社会影响，则从街道和公共空间两个角度进行了论证。"拟定的条例旨在确保公共街道和临街建筑物的所有部分都能与阳光和空气接触，并且走在街道上能够有一种开放感。"[35]1961年，纽约的特点是城市化的反转，从建筑个体的塑造，演变成对建筑周围开放空间的规范化。这时候，建筑的形式不再是直接的管控对象，但它对空间的影响必须符合相关标准。最初，这种取向释放了纽约高层的设计形式，规范的松绑提升了设计的自由度。

20世纪20年代，绘图员休·费里斯以木炭画的形式，画出了1916年分区条例所允许的最大建设量的城市，从而一举成名。[36]他是基于已有法规的基础上，通过模拟建筑体量进行预测的。

风格规则
[SR]§2.03

沃克斯和他的同事们的做法正好相反。他们利用现有的建筑物，并以此为基础模拟建立规则 [SR]。他们选择了密斯·凡·德·罗最近完成的西格拉姆大厦（1958）和戈登·邦沙夫特、SOM建筑师事务所完成的利华大厦为原型（1952）。为了形象地说明他们的退台规则，沃克斯的报告甚至用了这两个公共广场的原型照片作为范例。

如果说，费里斯（Ferriss）只是简单地对规范进行了建筑体量的极限化表达，那么沃里斯和他的合作伙伴则是根据当时的理想形

35 同34。
36 由哈维·威利·科贝坦德（Harvey Wiley Corbett）委托并首次发表在 Ferriss（1929）。

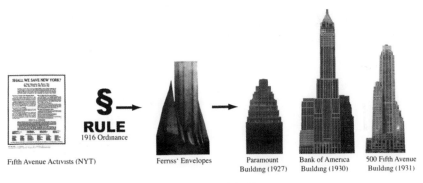

图 79a 1916 年的规则：规范影响建筑形式，产生最终形态

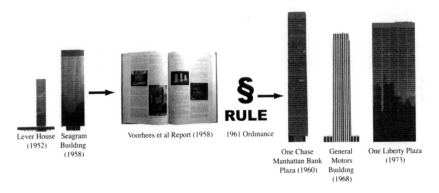

图 79b 1961 年的规则：建筑形式影响规范编制，产生最终形态

式设计了一种新的非物质模具——结果却只产生了无数西格拉姆大厦和利华大厦的复制品，模仿复制取代了设计创新。

1922 年，费里斯将无形的规则化为有形的建筑，而在 1958 年，沃里斯将可见的建筑转化为抽象的规则。棱角分明的建筑被宽松的规则取代——包括退台建筑 [SB]、广场奖励 [PB]、容积率 [FAR]、天空曝光面 [SEP]，这些规则有很大的回旋余地，并始终让建筑保持细长的身材。

显然，沃里斯没有意识到各种规则之间的相互作用，以及随后几年的经济压力所产生的决定性影响，因此他自己宣称"拟议的法规为建筑创作提供了空间和激励。"[37] 沃里斯和他的伙伴们设计了一个富有远见的机制，却没有预料到这个机制内部会产生相互作用。

休·费里斯最终于 1962 年去世，享年 73 岁。

退台建筑
[SB] § 7.02–1
广场奖励
[PB] § 7.01–4
容积率
[FAR] § 7.01–1
天空曝光面
[SEP] § 7.02–6

---

37 Preface by James Felt in Voorhees Walker Smith & Smith (1958), *Zoning New York City; a Proposal for a Zoning Resolution for the City of New York,* vii.

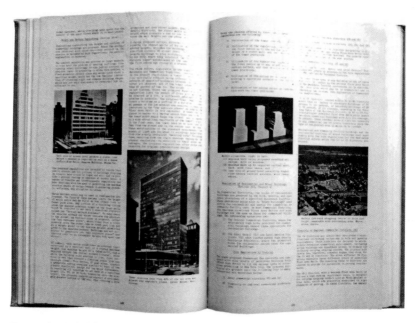

图 80　以明星建筑来详细解释：沃里斯于 1958 年做的报告，以密斯和邦沙夫作为例子

经济

　　1961 年以后，虽然退台建筑并没有被禁止，但新规则让它变得无利可图。

　　20 世纪 60 年代，从规划和建筑图书馆中消失的是一本至今经常使用的书。威廉·克拉克（William Clark）和约翰·金士顿（John Kingston）的《摩天大楼——一项关于现代办公楼经济高度的研究》[38]证明了城市规划法规和经济趋势之间的紧密联系。

　　克拉克和金士顿研究了高层建筑的效率，分别涵盖土地价值、退台条例、垂直运输、建筑成本等维度 **[EH]**。以 200 英尺 × 405 英尺的地块为例（约 19 米 × 38 米，类似于大中央车站以南的街区），他们模拟了八座不同高度的建筑物。在保证最大利用率和遵守退台规定的基础上，若要减小体量，只需要对建筑进行横向切割。基于普遍使用的框架结构（建筑物越高，垂直通道和施工的成本就越高），他们得出结论：一座 63 层的建筑是最经济高效的。但 1961 年之后，这种计算方式失效了。这并不是因为决定利润的因素改变了——即使在今天，建筑地段价格仍然决定了利润和建筑的体积，而是因为

38　William Clifford Clark and John Lyndhurst Kingston (1930), *The Skyscraper—a Study in the Economic Hi\eight of Modern Office Buildings*.

经济高度
[EH] § 7.01-6

图 81　对摩天楼经济性的反思：
但 1961 年后失效了

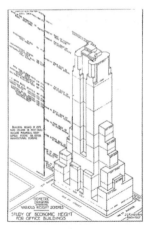

图 82　研究形状效果均等的案
例：只要从顶部减少 8 级，就能
减小体量

TABLE No. 1

SUMMARY OF INVESTMENT COST, GROSS AND NET INCOME AND RETURN UPON INVESTMENT
(Assuming land value at $200 per square foot)

	8-Story Building	15-Story Building	22-Story Building	30-Story Building	37-Story Building	50-Story Building	63-Story Building	75-Story Building
			(in thousands of dollars)					
INVESTMENT								
A. Land ($1,000 sq. ft. @ $200)	$16,200	$16,200	$16,200	$16,200	$16,200	$16,200	$16,200	$16,200
B. Building	4,769	7,307	9,310	11,775	13,808	16,537	19,390	22,558
C. Carrying Charges:								
1. Interest during construction:								
(a) Land (6% on cost for full period)	810	972	1,134	1,296	1,458	1,620	1,780	1,944
(b) Building (6% on cost for half period)	119	219	326	471	622	826	1,065	1,353
2. Taxes during construction—Land	292	350	408	466	524	584	642	700
3. Insurance during construction	3	5	8	12	21	35	65	95
Total Carrying Charges	$1,224	$1,546	$1,876	$2,245	$2,625	$3,065	$3,552	$4,092
D. Grand Total Cost	22,193	25,053	27,386	30,220	32,633	35,802	39,142	42,850
Total assignable to Land	17,302	17,522	17,742	17,962	18,182	18,404	18,622	18,844
Total assignable to Building	4,891	7,531	9,644	12,258	14,451	17,398	20,520	24,006
INCOME								
E. Gross Income	1,819	2,780	3,483	4,181	4,755	5,581	6,302	6,901
F. Expenses:								
1. Operating	311	482	592	723	814	942	1,058	1,213
2. Taxes	479	541	591	653	725	774	846	926
3. Depreciation	95	146	186	235	256	331	388	451
Total Expenses	$885	$1,169	$1,369	$1,611	$1,795	$2,047	$2,292	$2,590
G. Net Income	934	1,611	2,114	2,570	2,960	3,534	4,010	4,311
NET RETURN								
H. Net Return on Total Investment	4.22%	6.44%	7.75%	8.50%	9.07%	9.87%	10.25%	10.06%
I. Increase in Investment from Last Addition of Stories		$2,860	$2,853	$2,834	$2,413	$3,169	$3,340	$3,708
J. Increase in Net Income Resulting Therefrom		677	503	456	390	574	476	301
K. Net Return on Increase in Investment		23.69%	21.51%	16.09%	16.15%	18.13%	14.25%	8.12%

CHART NO. 2

Net Return Upon Total Investment for Varying Building Heights

Percentage of Net Return

BUILDING HEIGHT IN STORIES

图 83　8 种不同体积的对比。结果表明：利润峰值出现在 63 层

法规不再成为自动生成建筑体量的模板。法规改变了，建筑高度不再是增加建筑面积的唯一参数。

事实上，金融专家在评估建筑原型时基本达成的一致，也证明了在 1961 年前，用于确定办公楼体积的方式是基本恒定的。那时，想建多高就建多高也是可能的，但只局限在地块的 1/4 范围内，可以说这也是当时的唯一选择。在 1961 年以前，如果建造高于各自经济高度的建筑，就相当于西格拉姆大厦贡献出慷慨的广场那样——奢华和浪费。但从这之后，争相建造这座城市最高建筑的比拼结束了。从现在开始，只有建筑主入口有最大的广场，才能获得最大的声望和赞同。

过度？

[A]
林赛，城市设计组

[L]
纽约

1961 年新的分区条例实施以后，曼哈顿商业区发生了明显的变化。纽约的高楼大厦一栋一栋从街道边缘退去，留下了以少量树木、易脏的水面装点广场。这些广场与大厦的开发商并不在乎邻居是否也有相似的公共空间与水面。他们的注意力并没有延伸到街道对面，他们也不需要这么做，这意味着这座城市以前壮观的街道峡谷正在遭受侵蚀。20 世纪 70 年代初，在市长约翰·林赛（John Lindsay）的领导下，纽约城市设计小组试图通过调节街墙的连续性来减缓这种趋势：他们试图回归传统的街道走廊，在高度密集的市中心和市中心商业区设置连续的街道立面 [SWC]。作为回报，返回人行道边缘的建筑物将获得巨额奖励。

街墙的连续性
[SWC] § 4.11

但是，我们怎么能指望一栋建筑既看起来沿着街道边缘，同时提供一个公共广场，还最大化的产出利润呢？超过一定尺寸的地块，这种模式就不可避免地导致了一种新的建筑类型，这种类型以前在曼哈顿并不常见："巨型庭院街区类型"。

城市设计小组试图通过一个设计原型来调和这种矛盾：南街海港（South Street Seaport）的一个地块实现了街坊式围合与极高的建筑高度、台阶式的街道侧立面，还有众多连接内庭院的通道。庭院内有水边开放空间与公共设施。

这个项目到目前仍未实现。在曼哈顿，街墙的规则直到 20 世纪 70 年代末才被人们注意到：在世界贸易中心的填海用地上，库珀（Cooper）和埃克苏（Ecksut）的 1979 年炮台公园（Battery Park）在总体规划中体现出来了。

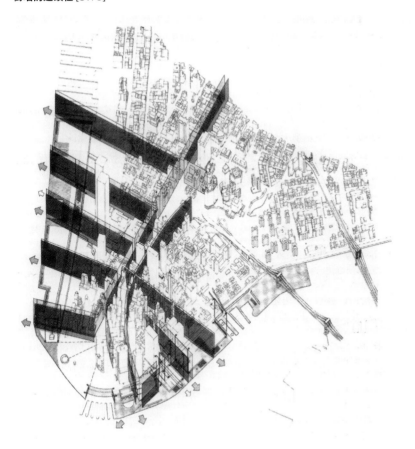

图 84　曼哈顿主要街道的连续性

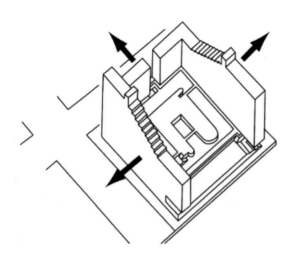

图 85　超级街区：市长林赛的城市设计组阐述了连续街墙法则可能产生的结果

1961 年后，经过 6 年的自我批判与恢复，市长林赛的城市工作小组在威廉·帕利（William S. Paley）的指导下，发表了报告《受威胁的城市》。这个报告包含四章，标题为："问题"、"机遇"、"方法"、"建议"。[39]

这份报告由林赛市长作序，他明确地表达了自己作为一名城市专家的理解："设计在当今纽约已不是小事，也不应该狭义地视为美学问题，或一个脆弱的词。在我们这个日益拥挤的城市里，美学不仅包括花园中的大理石雕像，还包括房屋、街道、邻里和城市，同时包括作为居民对城市的集体表达。"[40]……也就是说，几乎所有事物都属于设计的范畴。

《纽约时报》迅速回应说："不幸的是，特别工作组的报告并没有明确城市设计的意义和紧迫性。它过分聚焦于保持或摒弃传统的美学观点；判断个体建筑的优雅或丑陋。19 世纪的传统城市美学，对于 20 世纪的无序城市，价值非常有限。"[41]

根据许多专家评价，这份报告呈现一种"本土乐观主义"，尽管它获得了权力的支持："……在现行法律下，城市可以对公共和私人设计进行大力管制。"[42]

这份报告自觉地强调了这一优势："在这个城市里，任何人都无法在不与政府商讨的情况下进行建设。"[43]

纽约今后不再为未来直接设定框架，而将与业主进行谈判，自由裁量。不过，私人业主并没有被迫参与此类谈判。城市只是明确表示，如果私人开发商保持在严格的基本标准之内，而不是通过谈判提高利润，那么他们将错过可观的奖励。其结果是，私营企业和政府就设计建立了极为密切的联系，政府的目的达到了！

39 The Mayor's Task Force on Urban Design (1967), *The Threatened City*.

40 同 39，3。

41 The New York Times Editorial (1967), *The Design of the City*.

42 Stephen Zoll (1973), *Superville: New York—Aspects of very High Bulk*, 513-515.

43 Mayor's Task Force (1967), 39.

第7章

内与外

特定的规则一方面定义出特殊的区域；另一方面，规则本身限于特定的范围内实施。规则一般有特定的操作方式，大致可分为三类：

第一类是确定规则的指导对象，通过明确的中介物实施。它的实施结果同时产生了新的背景环境。这被称为"外部性"。

第二类是在规则的作用下，根据开发潜力确定开发量的上下限以及弹性空间。但我们设定的上下限是绝对的吗？或者说它们的值是否与其他因素有关系？

第三类涉及规则在何处实施。在分区规划中，图纸是规划的辅助工具，建筑条例的规定在区划图中体现，地块的建设条件都在图中设定好。

第二类中所提到的如何定义阈值，已在第3章和第5章介绍过了。本章主要研究第一类和第三类，关于规则指导的对象和适用区域。

图 86　1880 年位于加利福尼亚州旧金山的木房子洗衣店

7.1　自带产物：外部性

广场奖励
[PB] § 7.01–4

纽约广场奖励规则 [PB]，是政府促进公私利益结合的例子。在理想的情况下，双方都会受益：城市能看到其公共空间的改善，私人建设者会有更高的建设收益。这种安排是经过深思熟虑的：双方都意识到谈判的更大意图，以及这些条例的预期结果。

然而，随着政府不断推出新规则，其真正的动机并不在于规则的直接结果，反而是间接的影响。结果许多规则的提出仅仅是因为它们的潜在作用。

[A]
华人

[L]
旧金山

善因致恶果

19 世纪 80 年代，旧金山发生了一个法律案例：在 19 世纪的第一次华人移民潮后，加利福尼亚州及其城市制定了新的法律，旨在阻止未来的华人在此定居。他们并没有直接制定明确的法律条例——试问一个移民国家怎能明确地禁止其他移民进入呢？如果加利福尼亚州公然提出针对华人移民的法律，那么它将无法通过《第十四修正案》中关于平等保护条款的考验，更不用说 1870 年的《民权法》了。鉴于这种情况，新法律的制定必须能经得起种族歧视的考验。

洗衣店法令
[LL] § 7.03–6

1880 年，旧金山正是凭借其洗衣店法令 [LL] 做到了这一点，该法令直接针对市、县内约 320 家洗衣店。法律以市政命令的形式规定，今后任何洗衣店不得在易燃的木制建筑中营业，因为其引起火灾的可能性太大。此时，城市 90% 的建筑是木材建造的。除了当中的十几家外，其他的洗衣店也都是木材建造的。除少数洗衣店以外，它们大部分都由华人移民经营。当时，洗衣店是旧金山华人商业的象征。在接下来的五年中,超过 150 个"华人主体"因违反洗衣店法令而被监禁。同时,白种人经营的洗衣店并没有因新规则而遭受不利的影响。[1]

在洗衣协会的支持下,一桩涉及洗衣者益和(Yick Wo)的案件一直走到了最高法院。益和是一位守法的模范商人。虽然条例用善意隐藏着,但法院还是发现了条例背后的不良意图,承认了条例带有种族歧视的指控。[2] 最终他们终止了该类执法活动。

当然,洗衣店法令的案例包含了一个相当明显的借口,但同样显示出外部包容性的巨大潜力。尽管这些规则的表述是中性的,而且完全没有特指"华人",但却准确无误地对华人产生了预期影响。从表面上看,它们只关心公共健康,尽量减少旧金山的火灾。只有在这种外部性的影响下,它们才能对华人产生致命后果——而且,它们的起草者也完全意识到这一点。

城市管理中充满着这种故意递延的行为。在美国,某些分区条例仍被指控存在种族歧视。

如郊区地块的最小面积规则 [LS] 和公寓禁令,一直被怀疑是阻止低收入住房进入富裕社区的精明尝试。

地块面积要求
[LS] § 6.02

纽约的分区法声称,这仅仅是为了保护公共健康。但这种说法很容易被揭穿,其实质是为富有的商界领袖谋利的托词。与此同时,苏黎世以其看似不触犯人的建筑阴影管理、控制着高层建筑的建设 [2H]。

2 小时阴影
[2H] § 5.08

就如同猪被赶出了客厅,但却没有提及名字。体现规则制订者深思熟虑的,是他们能否预想到规则与其结果的因果关系。这种关系在其可见度和效力等方面差异都很大。

歪打正着

规则的外部包容性是可以追溯的,其特定结果需要数年后才显现——例如,可能是借助"未来社会或技术的发展"[3] 或其他原因实现的。

[A]
班海姆和花园城市

[L]
英国

雷纳·班纳姆和其他非规划提倡者已经意识到,帕特里克·盖迪斯(Patrick Geddes)、埃比尼泽·霍华德和赖蒙德·尤恩(Rymond Unwin)的花园城市规则中的这种意想不到的外部性:"值得提醒的是,这一理论的花园是专门种植粮食的地方:花园的面积以圈养率 [FOR] 为标准精确计算。在韦林花园城(Welwyn Garden City)或

圈养率
[FOR] § 6.06

1　Garvin (1996), 432.

2　Yick Wo Vs. Hopkins (1886), 118 US 356.

3　Banham (2000), 9.

图 87　典型的市区停车状况

汉普斯特德花园郊区（Hampstead Garden Suburb），房屋也是稀疏地散布着，为了健康，空间受到环状绿带以及道路的切分。"

"韦林花园城和汉普斯特德花园郊区建成了，但因为教条主义的乏味而遭到了嘲笑。这种平面布局难以布置公共交通；罐头和冷冻食品也降低了保留菜地的必要性。"

"但后来，汽车拥有量的增加使人们停止了嘲讽：这些道路找到了存在的理由；房子周围的空间可轻松容纳一个车库；花园（甚至在伦敦中心区，大量的由国王乔治风格改造而成的住宅也是如此）成了孩子们的户外活动场所和聚会场所，远离了街道上那些飞驰的汽车。"[4]

雷纳・班纳姆发现了规划的特质，但迄今很少人会把郊区的城区与花园城市规划联系起来："一个成功的规划往往有其独特的原因，但这个原因连规划师自己在设计时也没预见到。"[5]

这样，花园城市偏离了原来的目的，其初心变成了空中楼阁——比仓库或工厂的遭遇都要早。

128 场音乐会

[A]
舒普（Shoup），华特迪士尼音乐厅

在纽约遇到一个广场的概率，与在洛杉矶找到一个停车场的概率相同。和曼哈顿的摩天大楼相比，洛杉矶的高楼如同小停车场里

[L]
洛杉矶

4　Banham (2000), 9.
5　同 4。

的警卫室，挂着大大的"P"字。这似乎完全符合洛杉矶反都市生活的惯性思维。

　　然而，根据密度的标准，数据并不支持这一刻板的印象。当检视洛杉矶城市面积时，[6]它是美国密度最高的地区。它的密度比纽约和旧金山都要高。然而不同的是这个密度的分布："纽约和旧金山看起来像被凤凰城包围着的香港，而洛杉矶看起来像是被洛杉矶包围着的洛杉矶。换句话说，洛杉矶没有一个极端密集的核心地区。而纽约和旧金山总体没那么稠密，却能够从高密度的核心享受到好处。"[7]

　　美国交通规划师唐纳德·舒普（Donald Shoup）和他的同事们给出了解释。尽管雷纳·班纳姆在他面前，舒普也摆出了一个不寻常的（对美国而言）姿势：坐在自行车上，顶着头盔。英国人雷纳·班纳姆说："学会开车才能理解最原始的洛杉矶。"[8]美国交通规划师却以自行车的方式审视自己的城市。矛盾的激发点在于，洛杉矶、旧金山和纽约都有不同的停车泊位规定 [PR]。在华特迪士尼音乐厅 128 场演唱会的历史里曾这样记载：

停车规定
[PR] § 7.03–5

　　"纽约和旧金山对中央商务区的停车位都设置了严格的上限。然而，洛杉矶采取截然相反的路径——在另外两个城市限制路边停车的同时，洛杉矶则需要它。相对于其他地区来说，这种要求不仅阻碍了洛杉矶市中心区的发展，而且扭曲了它的功能发挥。例如，看看洛杉矶和旧金山对待音乐厅的不同之处。在对待中心区音乐厅的停车位这件事情上，洛杉矶的下限比旧金山的上限还要大 50 倍。因此，旧金山交响乐团建造它的本部——路易斯·戴维斯音乐厅（Louise Davies Hall）时，并没建停车场；而迪士尼音乐厅，作为洛杉矶爱乐乐团（Los Angeles Philharmonic）的新大本营，因修建停车库而延迟 7 年才开放。"迪士尼音乐厅有 6 层高，拥有 2188 个地下车位，建造成本为 11000 万美元（每个车位约 5 万美元）。洛杉矶举债融资建造车库，期待着停车费的收入能偿还贷款。车库在 1996 年完成，而迪士尼音乐厅因投资预算减少，总是在延期，直到 2003 年底才开放。在这七年之间，停车场的收入远低于偿还债务的需求（如果上盖没东西的话，很少人会选择地下停车）。洛杉矶政府几乎因此而破产，甚至要解雇员工来补贴车库债务。地块为洛杉矶政府拥有，在向迪士尼音乐厅出租地块

6　这是根据美国人口普查局提供的"城市化区域"定义进行计算的，并非城市的行政边界。Michael Manville and Donald Shoup (2004), *People, Parking, and Cities*, 2-8.

7　同 6。

8　Reyner Banham (1971), *Los Angeles; the Architecture of Four Ecologies*, 5.

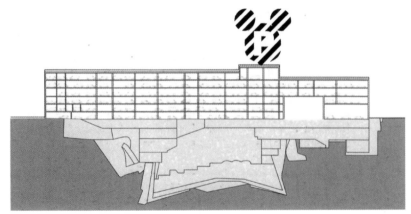

图 88 由弗兰克·盖里（Frank Gehry）在洛杉矶设计的华特迪士尼音乐厅（理想化的剖面）

停车规定 [PR]

图 89 超过 50% 的街区为洛杉矶市中心的停车场

的协议中，规定每年冬季必须安排至少128场音乐会。为什么是128场呢？为了能够偿还车库债务所需的停车费收入，这是最少的音乐会数量。而在第一年，迪士尼音乐厅恰恰安排了128场音乐会。表面上停车场是为乐团服务的，现在却是乐团在为停车场服务；最少的停车泊位要求导致了最少的演出要求。花在停车场的钱也已经在其他方面改变了音乐厅，其设计变得对司机更加友好，而忽略了行人。一个6层的地下车库意味着大多数观众是从地下到达的，而不是从外面的大厅到达。设计师清楚地明白这一点，虽然音乐厅有一个令人印象深刻的步行街道入口，但它更具标志性的入口是一个垂直的"自动扶梯小瀑布"，从停车场向上延伸，到门厅结束。这对于街头生活具有深远影响。音乐会的观众可以直接开车去迪士尼大厅，在它的下方停车，再坐扶梯而上，看表演，然后整个过程再反过来——再也不用在洛杉矶市中心踏上人行道。对洛杉矶标志性建筑的完整体验，开始和结束都在停车场，而不在这个城市本身。"[9]

这引起了一个终极问题：在这种情况下，是谁造就了谁？是音乐厅塑造了停车库，还是停车库塑造了音乐厅？该建筑被不显眼的停车率所决定了，其余都是次要的。

洛杉矶市中心的密度不足，是其稠密的停车场造成的。洛杉矶的市中心已经很拥挤了，但不一定都被建筑所占满！空间填满了地块边界，被整齐地划分为办公区域和停车空间。这也激励了一些地块建设廉价小型停车场，而不是建造昂贵而麻烦的办公大楼。与后者相比，这样的投资回报率要高得多。

假设停车比例保持不变，那么即使提高容积率的许可范围也不能带来城市密度的增长。由于停车率的同时作用，地块容积率的修改变得多余，除非该区域被划分为混合使用（如商业和住宅用途）区域，因为住宅所要求的泊车位数要少得多。突然间，不太起眼的停车管理方法，就变成了"混合使用"的催化剂。

通过这种土地混合使用的方法来解决不太显眼的事件，如停车位要求（之前提到的阴影影响也一样），城市得到了被忽略的副产品，也是对功能主义的成功批判。

休斯敦：异曲同工

休斯敦没有正式实行整体分区法，也就是说，缺乏基于地图的

[A]
土地利用法

[L]
休斯敦

9　参考 Shoup (2004), 2-8.

土地用途管理。但休斯敦仍然是一个典型的美国城市。分区制所负责的用地管理程序，也同样在这里发生。休斯敦与其他同样位于阳光地带的城市一样，有着同样的弊病。[10] 即城市密度比大多数北美的大城市要低。休斯敦以一种典型的方式蔓延，其居民尤其喜欢开车。这城市对步行者来说有着明显的敌意。而它的高层建筑群，则是美国中央商务区的典型代表。

休斯敦是否因为对消费者过度友好，而产生了不可避免的结果呢？即在缺乏监管的情况下，努力包容其居民的自由选择？休斯敦是否需要控制市民的小汽车出行呢？

不幸的是，休斯敦只允许有限范围内的自由。在这里代替传统分区法的，是一套土地使用条例：

地块面积要求
[LS] § 6.02

在这里，人口分散是这一条规则造成的：建设独栋住宅的地块最小面积是 5000 平方英尺（465 平方米），不同地区的具体数值有差异。可以肯定的是，这个最小地块面积的要求 [LS] 虽然小于其他城市，但仍阻止了城市致密化的发生；公交难以服务足够的居民，无法替代小汽车出行。1999 年，市议会承认了这一现实，并在一些地区暂停实施该条例，尤其是在市中心附近。[11] 然而，地块是稳定的城市要素之一 [ROB]。它们被困在邻近的物业之间，通过交通基础设施相互连接，抵制着任何形式的改变。由于休斯敦大多数的住宅在 1999 年前已经存在了，为了使大部分人满意，这种管制的改变并没有引起明显的变化。

稳定性
[ROB] § 4.15

此外，休斯敦的建筑设计规范规定，每座建筑物必须提供一定数量的停车位 [PR]，这个数字甚至要超过居民的数量。例如一座公寓楼，每个工作室必须有 1.25 个停车位，每个床位要有 1.33 个停车位。[12] 类似的规范同样适用于超市和百货商店。这使得在城市中步行更加没有吸引力。首先，没人喜欢在车海中漫步。其次，目的地间的距离会因为它们之间的停车场而大大增加。最终，城市密度进一步下降。

停车规定
[PR] § 7.03-5

街道宽度
[SW] § 4.14

一般来说，在街道宽度 [SW] 中，城市主路小于 30 米，居住性道路小于 18 米，才能使街道更加吸引行人。

10　参考 Richard M. Bernard and Bradley Robert Rice (1983), *Sunbelt Cities: Politics and Growth since World War II*. 根据该书描述，阳光带城市的形成受到第二次世界大战和军事、国防及其他联邦资金的影响。阳光带城市拥有"良好的商业氛围"，市中心商业利益主导着政治结构，并致力于"增长伦理"和"高质量的生活"。

11　Michael Lewyn (2003), *Zoning without Zoning*.

12　同 11。

小尺度街区 [SHB]

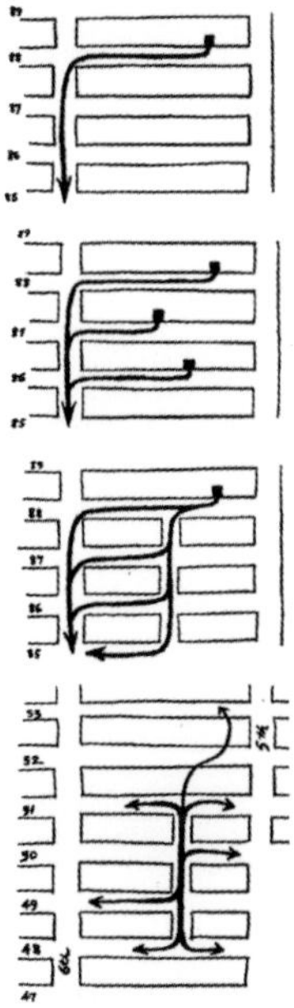

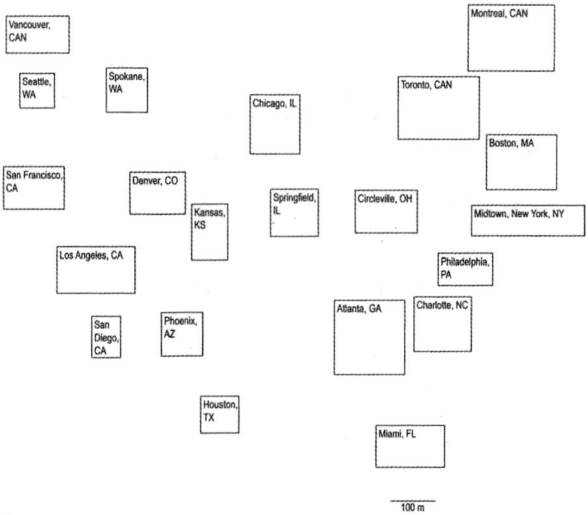

图 90a　街区必需足够短。实际上，这些只是简·雅各布斯的书《美国大城市的死与生》中的为数不多的插图
图 90b　典型的北美街区的尺寸

此外，休斯敦的规划师规定，主街道交叉口之间必须间隔 600 英尺（180 米）。但简·雅各布斯[13]等人已经指出，热闹都市角落的培育，必须依赖足够短的街区 [SHB]。

最后，与其他城市相比，休斯敦在郊区为居民修建了更多的高速公路。例如，拥有双倍人口的芝加哥，其高速公路长度只比休斯敦多出 10% [PSL]。[14]

这些独立、规范性的规则是非常高效的。对于那些不熟悉休斯敦的人来说，这四个规则构成一个大致但准确的城市轮廓。下面继续详细补充：

简单的休斯敦

根据它的标准，休斯敦的条例只区分两个区域，城市和郊区。这条黑白分明的边界就是 610 高速公路 [SUL]。环路以内像是郊区标准的微型版，一种"小巧"的版本，具有更小的最小地块面积和退缩距离。开敞空间补偿 [COS] 也具有当地特色：如果开发者进

小尺度街区
[SHB] § 4.02

人均道路长度
[PSL] § 2.05

城郊环路
[SUL] § 2.13

开敞空间补偿
[COS] § 6.03

13　Jacobs (1961).
14　Lewyn (2003).

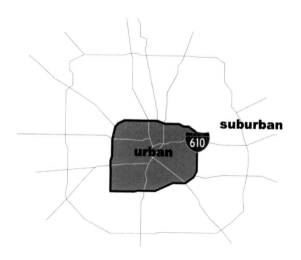

图 91　简单的休斯敦

一步细分地块，且每块地都小于规定的最小尺寸的话，那么"私人"地块内需要保留一定的不开发区域来进行补偿。在高速路环线内，地块面积和未开发面积之比要比环外小。

　　然而，这些得克萨斯人对环路内外的开放非建设空间，似乎有一种奇特的公共意识——尽管这些场所并不能被公众使用或进入。在最好的情况下，它们也许能为居民提供优美的远眺景观，不受车棚、洋房或构筑物所阻挡。

　　通过这一规则，公共空间的三维和美学特性都被公众认可，但同时，其物质可用性则被边缘化了。这些公共空间既不是空间上可达的，也不是公共的——也就是说，城市根本不需要它。这种规则有着分裂空间的潜力。这是有特定历史渊源的：

粉饰的私人空间——从罗马到美国

[A]
诺力

[L]
罗马

　　1748 年由乔凡尼·巴蒂斯塔·诺力（Giovanni Batista Nolli）绘制的"诺力图"，呈现出罗马中世纪的巴洛克式街道，皮拉内西（Piranesi）绘制的纪念碑街景透视则对之进行了补充。这张地图是为了确定基本税额，它也非常适用于研究私人空间和公共空间之间的关系。正如罗马城市空间上记录的：存在于私有土地上的公共空间，可以用来减少要征税的财产面积。为了减轻个人税负，情况变得有点过火了。公共空间由街道和广场构成，并由网格状私有土地

图 92　诺力图

上的半公共空间进行补充，且大部分是有盖顶的。通过这种粉饰的图景，诺力地图通过税收将公共空间与私人经济利益联系起来，解决了因所有权而导致的公私空间分割的问题。

公共空间牺牲了其地方的独特性。这体现在纽约市广场奖励条例和休斯敦的公共空间补偿措施，而诺力图则是第三种形式。它成为一种商品，被边缘化为寻找漏洞的资源，或是作为对低于标准的补偿性措施。公共空间失去了原来的物质或品质属性，它现在是抽象的、可量化的、可流通的。

7.2　人为的结果：规划与特殊区域

在统一规则下存在的特殊区域，体现了规划体系的包容性。在各市独自统一土地用途管制的背景下，世界各地用特殊区域来适应当地的特殊需求。

北美城市或郊区中相当部分的重要地域，都有一些特别用途区或保护区 [SD]。"土地基本划分为三类：居住区、商业区、从工业区转来的'特殊区域'。"[15] 特殊区域暂停使用部分常规的法则，而施

特别区域
[SD] § 3.01

15　Allan Fonorof (1970), *Special Districts: A Departure from the Concept of Uniform Control*, 82.

BPC 炮台公园城（Battery Park City）
CL 克林顿（Clinton）
GC 时装中心（Garment Center）
HY 哈得孙广场（Hudson Yards）
L 林肯广场（Lincoln Square）
LC 有限商业（Limited commercial）
LI 小意大利（Little Italy）
LM 曼哈顿下城（Lower Manhattan）
MiD 中城（Midtown）
MP 麦迪逊大道保护区（Madison Avenue Preservation）
PI 公园提升区（ParkImprovement）
TA 交通导向区域（Transit Land Use）
TMU 特里贝克混合使用区（Tribeca Mixed Use）
U 联合国发展区（United Nations Development）
US 联合广场（Union Square）
WCh 切尔西西区（West chelsea）

图 93　统一规划中的岛屿：曼哈顿的特殊区域

行特定的规则。通常，这些特殊区域拥有特殊的规划，作为对普适性的城市条例的补充。因此，根据这种广义的理解，每个城区都可看作扩大版的特殊区域。

伦敦城拥有金丝雀码头，它已成为英国多年的免税天堂。纽约和芝加哥有特殊的剧院区，在此的开发项目若能贡献出剧院空间，则会得到容积率奖励。瑞士苏黎世的整体规划通过特殊区域和特殊规定，与一般地区普适性的建筑和分区条例进行区分。通过这种方式，城市就可以在特别条例的基础上补充和完善自己。其动机是为特殊的地区自由地制定新的规则，并形成独立的半域外区域。就其本质而言，这些地区是规划和政策（规则）的结合也是愿景和工具的结合。

[A]
城市中心规划小组

都市村庄的外皮

[L]
西雅图

西雅图市区的都市村庄包括了贝尔镇、丹尼三角地、商业中心、先锋广场及唐人街的部分地区。

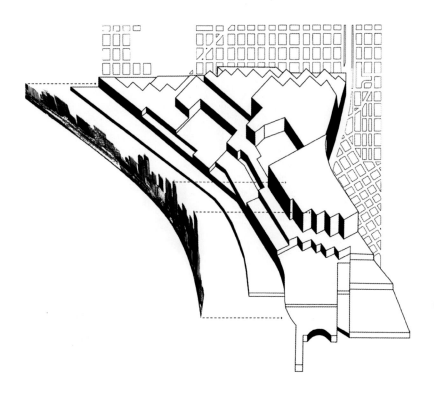

图 94　塑造西雅图的都市村庄

　　1999 年，城市中心规划小组公布了此地的《市中心邻里规划》。[16]
该规划旨在对《西雅图区划法》进行补充，以指导未来增长、保护
现有品质、增添新的公共设施。除了常规的愿景声明外，该规划还
包括了一系列基于规则的工具。它拥有严密的架构，相当于一部总
体规划。如同俄罗斯套娃，该规划形成了一个虚拟的城市轮廓 [UE]。
它包含了所有的街坊，刻画出西雅图市中心的高度轮廓。城市形态
响应地形，以台阶跌落的形式延伸到水边。在这个三维边界内，我
们发现第二套规则：如果建筑面积不突破整个规划，经过特定的审
查程序，单体建筑可以突破城市轮廓高度的 20%。这个规则将有
助于防止城市过矮、过密的倾向，避免强行把建筑挤压至法定限高
之下（很显然，西雅图已经从旧金山的丰塔纳高层 [17] 案例中吸取了
教训）。

城市轮廓
[UE] § 2.12

16　The City of Seattle (1999), *Downtown Urban Center Neighborhood Plan*.
17　参考第 133 页。

图 95　西雅图新建项目的高度变化范围

在法定的城市轮廓控制中，该城市也引入了高度变化范围 [18][HR] 的概念。这意味着，为了适应远期市中心的密度增加，新建建筑的最大总数量已经被确定。此外，这些新建建筑基于高度被划分为若干组。这样，城市对未来的增长有了绝对的控制，并同时控制了未来的高度变化。

另外，这种措施保护了现有的视线通廊，使我们继续看到埃里奥特湾（Elliott Bay）、西西雅图、雷尼尔山和奥林匹克山 [BP] 的景色。通过对城市三维轮廓的切割，这些通廊便顺利进入城市。

西雅图的都市村庄，和其他地方一样，也要进行面向强度和功能的区划。与此同时，街道层面还有一些其他规则。除了精确定义的开放空间外，街道因对行人的不同价值而被分类 [PS]。不同等级的街道实行各异的机动车交通管制，当然也包括所谓的绿色街道，而且特别强调相邻的景观。公共设施的供应随街道的等级有相关规定，在建筑物内外贡献出相应设施的业主，可获得一定容积率奖励。

总体来说，西雅图的激励政策是美国城市中最具独创性的 [PB]。这个政策早在 1963 年就实施了，并在 1986 年的分区改革中，其激励政策从 5 项提升至 28 项。

18　The City of Seattle (2002), *Downtown Seattle Height and Density Changes — Numbers of Projected New Buildings by Height Range*, 3-76.

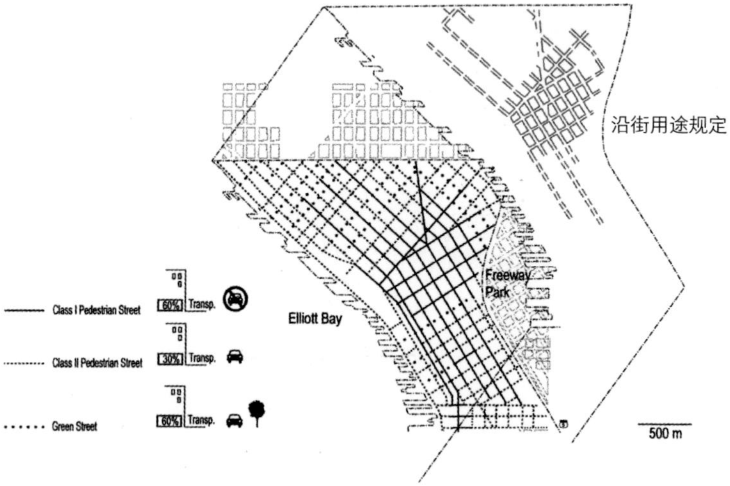

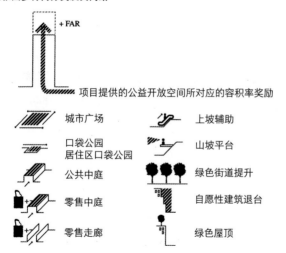

图 96　西雅图步行街分类及其网络

图 97　西雅图的容积率奖励，面向步行和绿色街道的特殊公共便利设施（贡献出相应设施的业主，可获得一定容积率奖励）

　　在西雅图市中心，土地使用强度可以翻倍，容积率可从 10 提升到 20。27 层的华盛顿互惠储蓄银行（Washington Mutual Savings Bank Building）被允许额外增加 28 层，这可能是允许容积率翻倍的最重要的例子了。这种方式很像纽约，而且适用情况可以分成四个类别：

　　（1）步行设施，比如公共广场、小型公园、室内公共空间、宽阔的步行道，以及西雅图的其他特色元素，比如登山辅助措施（公共电梯和风雨长廊）；（2）土地利用上偏向表演艺术馆、电影院、购物场所和博物馆等地区；（3）提供社会服务的功能，比如廉价住房和日间护理等；（4）设计特色上，倾向于有雕塑感的屋顶、门廊，或美化屋顶天际线和保护城市公共景观的公共屋顶花园。[19]

最后，规则还决定了哪些地面首层必须有延续的商店界面，以及建筑底层界面多少比例应当是透明的，这些都取决于步行街的等级 [FT]。

但是，两倍规模增长后的 55 层华盛顿互惠储蓄银行，以及其他超尺度的摩天大楼，让西雅图市民产生了强烈的抵触。其反对者提出的公民替代方案（CAP）获得了好评，并被赋予了法律效力。它规定，到 1995 年为止，西雅图中心区每年最多增加 50 万平方英尺的新建筑，而从那时到 1999 年为止，总共最多增加 100 万平方英尺的新建设量。[20] 这个指标与洛杉矶在 1986 年提出的 M 号提案 [21] 相似，它同样减少了每年新办公塔楼的建设量。

在穆赫兰（Mulholland）捉迷藏

[A]
穆赫兰道

[L]
洛杉矶

穆赫兰风景道是 1924 年开放的，从那以后，它为居民和游客提供了壮观的山脉、太平洋景观，以及山脉之下的城市风景。风景公路蜿蜒穿过好莱坞山脉和圣莫妮卡山脉，从好莱坞高速公路一直延伸至西洛杉矶城郊。对于长途游玩的人群来说，可以开车穿越宁静的自然地带，并能在路边看到橡树和一些野狼。其中有些路段还没铺好。这个区域的空旷和自然令人惊讶，然而城市已从各个方向朝它进发了。好莱坞在其中一边施压，另一边则是圣费尔南多谷（San Fernando Valley）。有很长一段时间，洛杉矶人表现出慷慨购买附近地块的意愿。

穆赫兰的建设性留白是众多规章监管的结果：它是《洛杉矶总体规划》和《风景公路规划》中被定义的风景公路，1992 年更实施了《穆赫兰风景道专项规划》。[22]

该规划旨在"回应公众对无限制开发的担忧，因其会威胁到穆赫兰风景道的宏伟景观和自然特征。"[23]

这个规划同样对《洛杉矶区划法》（LAMC）[24] 形成了补充，并设立了特殊审查委员会，以审查公园内的每个建设项目。为了防止

19　参考 Garvin(1996), 446.

20　同 19。

21　参考 *Little Big Plan* p.126.

22　The City of Los Angeles (1992), *Mulholland Scenic Parkway — Specific Plan*.

23　The City of Los Angeles (2003), *Mulholland Scenic Parkway Specific Plan — Design an Preservation Guidelines*.

24　The City of Los Angeles (2007), *City of Los Angeles Municipal Code*.

立面透明度
[FT] § 4.08

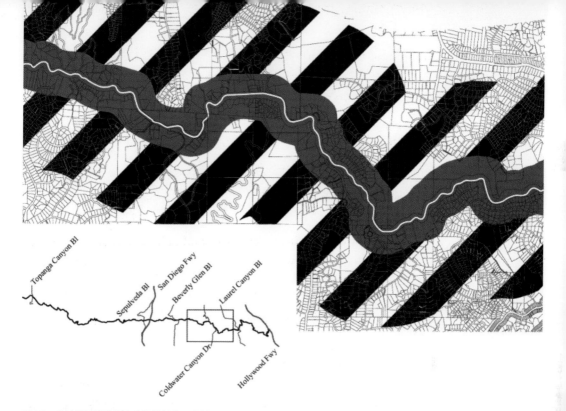

图 98　穆兰赫风景道的内外保护长廊，洛杉矶

委员会滥用自由裁量权，并使决策充分透明化，审查的过程依据专门编制的《设计和保护指引》来开展。[25]

　　"该法令设定了穆赫兰风景道，以及其内外走廊，建立了用地管控和设计审查流程，以确保风景道内的开发符合圣莫尼卡山脉的特色。"[26]

　　除了这些，还有《土地细分地图法》《山地法令》等相关内容在保驾护航。

　　当然，这并不意味着绝对禁止建设。雄心勃勃的业主们必须确保他们的房子遵守各种相互制约的规则。

　　难以在路上一眼看出来的房子是最好的。事实上，专项规划和它的众多"导则"应该被理解为：指引建筑隐藏起来。

　　从导则上来看，一个合适的隐藏地点包括三个重要因素：场地设计、建筑和景观。

　　这里的一些规定可以指导建设者如何成功地尊重原有环境，把房子从公众视线中隐藏起来：

25　Los Angeles (2003).
26　同 25，3.

图 99　穆赫兰风景道——房子都藏哪里去了？

禁止平整场地 [NSG]：应该保留自然地形。在任何情况下，对地形的改变都不应该延伸到路边。[27]

不突破天际线 [NSL]：从街上看去，建筑不应破坏原有天际线：天际线上不应出现房子的剪影。[28]

跌台的轮廓 [SP]：如果建筑有超过 25% 的部分坐落在坡地上，那么建筑的体量应该顺应坡度跌落，并且墙高不应高于 25 英尺（7.6 米）。[29]

视线研究 [VIS]：从穆赫兰道上看，建筑 3/4 英里半径范围内的景观非常重要。这个限定很关键，因为如果要求街景完全不被遮挡，就等于含蓄地禁止了所有建筑（由于道路的弯曲轮廓，几乎所有的房子都可以从某个角度被看到）。[30]

景观路保护 [SDP]：视野保护的基准点是路缘线上方的 4 英尺（1.2 米）。这个高度对应机动车乘客向外看风景的高度。如果路缘不能被准确定位（在没有路面铺装的情况下），可以从机动车行驶的位置进行测量。[31]

27　Los Angeles (2003). 导则 17，12。
28　同 27，导则 17，6。
29　同 27，导则 02，5。
30　同 27，导则 17，12。
31　同 27，导则 19，13。

跌台的轮廓 [SP]

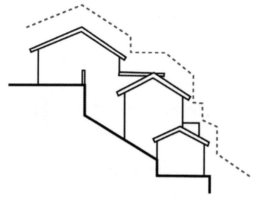

图 100a　仿效坡地的屋顶（导则 2，5）

视线研究 [VIS]

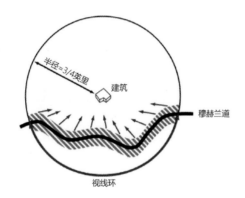

图 100b　如何确定各区位所看到的东西（导则 17，12）

景观路保护 [SDP]

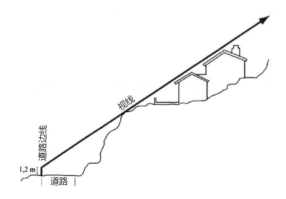

图 100c　从驾驶座上不能看见房子（导则 19，14）

色轮 [CW]

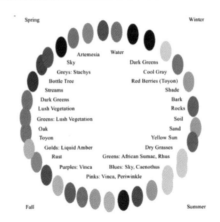

图 100d　圣莫妮卡山的色轮，根据周边植被和季节规定了每栋建筑的颜色

景观屏风 [LSS]

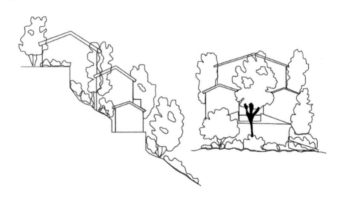

图 100e　建筑被植被遮蔽（导则 63，29）

建筑高差的最大值 [HDM]

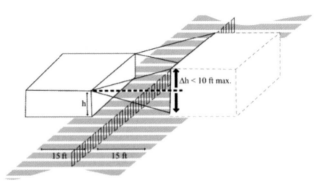

（ft: 英尺）
图 100f　相邻住房的高度：最大差值 =10 英尺（3 米）（导则 51，25）

邻里相融 [NC]

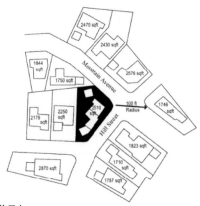

（ft：英尺，sqft：平方英尺）
图100g　法则的平均主义——邻里相融的半径（导则50，25）

穆赫兰的土路 [DM]：即使是路面上的泥土也是受保护的："穆赫兰道未铺装的部分，也是穆赫兰风景道的突出特色。"[32]

穆赫兰的土路
[DM] § 4.06

外部色彩 [CW]："民居、墙体、篱笆和其他外部构筑物的颜色，应该与圣莫妮卡山脉自然色相辅相成或一致，如色轮所示。可见的屋顶和阳台表面应该使用非反射的大地色调。"[33]

色轮
[CW] § 7.04-4

色轮是该导则的一个特色——洛杉矶山脉的潘通色卡：附录 A 中的色卡由 34 种颜色排列成圆，每个象限指向一个季节。这个色轮是圣莫妮卡山脉全年可见自然色的官方标准，从夏末的长春花粉红色到冬天的海洋蓝。根据这些导则，该色轮帮助当地建筑进行颜色选择。

邻里相融 [NC][HDM]：为了完美地融入社区，每个新项目必须与 100 英尺（30 米）范围内的建筑进行协调，特别在形式、功能、高度、退缩和景观等方面。每个家庭都必须维护现有的平均建造水平，只允许有微小的偏差。[34]

邻里相融
[NC] § 5.09
建筑高差的最大值
[HDM] § 5.07

景观屏风 [LSS]：如果建设项目太长且"穿透在街道视野中"，那么也可以用种植树木的办法解决。"屏障应该选用非正式的自然植物群落，而不应建设墙壁或者篱笆，且需保证植物屏障最少有 50% 为常绿植物。景观应该屏蔽建筑物，同时允许"躲猫猫"式的视线穿透。"[35]

景观屏风
[LSS] § 6.14

32　Los Angeles (2003). 导则 27，17.

33　同 32，导则 38，21.

34　同 32，导则 50，24.

35　同 32，导则 63，29.

这些导则继续发展成许多更加详细的指引，包括建筑应该如何布置，什么样的植物应该优先种植。同时，在穆赫兰道两边划出的廊道，是区划最严格的控制区：几乎所有的地方都有 RE-40 分区，规定最小地块面积为 40000 平方英尺（3700 平方米）[LS] 且每个地块最小宽度为 100 英尺（30 米）。

地块面积要求
[LS] § 6.02

这个指引包含了丰富的细节，再加上附加的规则和相关法令，使本来不容易到达的穆赫兰道，得以保留"低密度、小体量、慢速度的山体小路风格"。[36] 虽然其自然景观濒临威胁，但它同时也成为世界上保护得最好的景观之一。

在边界的自由

特别区域
Special District
[SD] § 3.01

指定"特别区域"[SD] 似乎是多此一举的。每个区域在一定意义上都是独特的，否则就不能区分彼此，也不能从其周边环境中划分出来。无论如何，在这一明确界定的区域内执行的规则，与其区域外执行的规则是不同的。如果这种特殊的规则得以法定化，那么特殊区域的地位就可以成为城市管理的手段。

特殊区域的边界划定是最受关注的。沿着人为的边界，是分区法自实施以来一直试图避免的"公共卫生妨害"。为了容易划分，两个分区的界线通常设于道路中线上，但这意味着街道左侧适用的规则可能与右侧完全不同。限高可以不同，某些功能形式可能在街的一侧被禁止，而在另一侧却被允许。就这一点而言，区划图非常清晰——以对比强烈的颜色作为各分区的图例。区划图的图例是有限的，它安抚了被混沌城市困扰着的规划师的眼睛。一个明确的区域秩序似乎从城市现实中生长出来了，规划被细分为居住、工业、商业和特殊区域！

但是，在区域的边界上会发生什么？特别当饱和的红色与淡黄色交会的时候。

威尔夏大道

[A]
威尔夏大道

[L]
洛杉矶

威尔夏大道是一条典型的美国林荫道。像很多美国林荫道一样，它的两侧被划成高强度开发区域。这个线性的区域——街道两边通常只有一个建筑地块的进深——对于整个分区来说，它的边缘非常

---

36 同 32，3。

长。这条林荫大道从太平洋一路向东，穿过洛杉矶，其高大的两翼穿过了高层住宅区域，也穿过了韦斯特伍德的住宅区——后者的门面数量几乎和居民数量一样多。

这种对比再明显不过了：在一个街坊内 R1-1 用地与 R5-3 用地直接相邻。在没有过渡区域的情况下，独栋住宅直接与没有高度限制、容积率为 10 的高层住宅相接。高层建筑物的顶部是直升机停机坪，而不是坡屋顶。

这是戏剧性的：在迷人的独栋单层住宅的后院，塔楼似乎公然无视分区条例。分区条例中的前置条件 [Q][37]，是强制开发商要为邻居考虑。例如在一年中的特定日子，塔楼的阴影长度不应超过 200 英尺（60 米），且塔楼的东西宽度不得超过 75 英尺（23 米），这是为了让地块北边的建筑能获得足够的自然光。

但是无论这个区域有多少个前置条件，在这个特殊魔力之下，分区内的第一排独栋住宅将不可避免地被牺牲。毕竟，有多少独栋住宅的后院会有摩天大楼呢？

另一方面，只要楼层在临近的树冠之上，他们即可享受到无可比拟的远方美景——无意间，由于分区的突变，上部楼层的价值和质量都被提升了。

此外，洛杉矶还对这一独特的形态进行了特别保护。据此，《威尔夏 - 韦斯特伍德风景走廊专项规划》[38] 关注的是该区域的内部，从司机的视角感受林荫大道。规划写道：

"这个规划的目的是为城市的发展确立标准，从而减少威尔夏大道的交通和停车问题，提高风景走廊区域的美学品质，鼓励更多的开放空间，减弱高密度住宅开发的影响，并减少高层建筑对附近地块的阴影遮挡。"[39]

被编码过的标志物

在分区规划中，边界两旁持续强烈的对比，赋予了威尔夏大道一个标志性的地位。从大海延伸到洛杉矶中心区的林荫大道，本身已经发展成为一个线性的中心区域。过去的基础设施已经成为一个

---

37 [Q] 指"允许的类别：由分区改变而引发的属性限制，以确保其与周边物业的性质相融，"源自《洛杉矶市区划法》12 章 32 条。

38 The City of Los Angeles (1981), *Wilshire — Westwood Scenic Corridor—Specific Plan.*

39 同 38，3。

图 101a　威尔夏大道：《韦斯特伍德风景走廊专项规划》——西南方向鸟瞰图

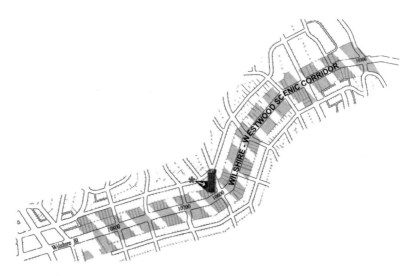

图 101b　《韦斯特伍德风景走廊专项规划》（平面）

图 101c　利德布鲁克道（Lindbrook Drive）：从长廊背面的小巷拍摄——恰好位于边界的位置（＊）

远处可见的三维实体，有着突出的天际轮廓。这是威尔夏大道与穆赫兰大道的不同之处。威廉姆·穆赫兰（William Mulholland）（1855—1935）是一位谦虚的工程师，他参与的南加州水利设施建设促进了洛杉矶的城市发展。相比之下，H. 盖洛德·威尔希尔（H. Gaylord Wilshire）（1861—1927）则来自俄亥俄州的富裕家庭，是个令人讨厌的吹牛大王，他在房地产、农业和金矿等领域赚过但又赔了钱。

过渡和叠加：渐变

通常，如威尔夏大道般色彩对比鲜明的分区规划是很少见的。一般的情况是，两个对比强烈的分区若相邻，会在相会的地方聚合成第三个区域：它们之间的边界线会加厚，形成协调的重叠或过渡带 [TS]。若实行强硬的边界，穿过街中心的边界线在街道的一边提供了某些自由，而另一边则没有。在同一条街道上的这种管制差异，常常给人以武断和不公平的印象，并引起受影响业主的强烈不满。通常，政府有两种不同的选择来解决这种潜在的冲突。要么在分区条例中规定适用于受影响路段的特殊规则，要么由上诉委员会单独处理每一个难点。[40]

尽管如此，这种边界区域可能是分区规划中最有趣的元素。它们最有可能成为最真实的功能混合带。住宅及商业功能不仅能独立存在，同时也能超乎寻常地健康共存。这种不被当地欢迎的用途"LULUs"（locally undesirable land uses），有时候会与住宅功能直接相邻。

如果区域的规模足够大，这种模糊的状态是产生混合用途开发的机会。因此两个分区之间的边界区域，反而会成为它们的共同中心。

纽约分区条例称之为叠加区域 [OZ]，并明确规定了混合用途的类型。例如，即使住宅、办公和零售功能被允许共存于同一栋建筑中，住宅也必须放置在商业的上方。[41]

[A]
分区

[L]
北美

过渡带区划
[TS] § 3.09

叠加区域
[OZ] § 7.03–4

40 关于这个主题，同时参见：Arthur C. Comey (1933), *Transition Zoning*, 8.
41 见：C1&C2 overlays in New York (2006), *Zoning Handbook*, 53.

叠加区域 [OZ]

图 102　叠加区域

第 8 章

差异性与一致性

　　保护公众利益，不仅需要先保障个体利益，还意味着要在不同
程度上协调城市形态的两个方向：对一致性、连续性的理想目标，
与无法避免的、潜在的多样性的追求。下面的案例展示了城市要素
是如何形成一致性的，同时，它们也显示出从周边文脉孵化出多样
性的能力。

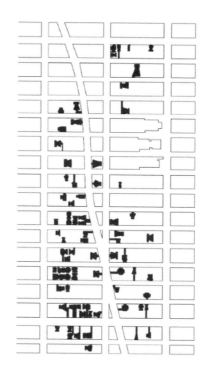

图103　嵌入网格 # 1：纽约剧院区（1969 年带有拱廊、新旧剧院的地图）

强制的一致性带来的反差：纽约剧院特别区

[A]
林赛·温斯坦市长

[L]
纽约

纽约剧院区因其内部一致性和连续性的提高，与其周围地区形成了强烈的反差。

20 世纪 60 年代，纽约的新分区条例引入了创新的激励制度，使过去著名的中心区及其剧院区急剧衰败。更糟糕的是，剧院面临着消失的危险。自 20 世纪 20 年代娱乐产业不断分化以来，帝国和派拉蒙剧院（Empire and Paramount theaters）、大都会剧院（Metropolitan Opera House）等 45 个历史悠久的剧院[1]默然消失了。

"中心区办公大楼的聚集，开始威胁到剧院的生存了。承载这些旧剧院的，其实是商业用地，而且是很久以前完成交易的。如今，已经没人会以建设新的剧院作为投资，城市也没办法保留旧剧院——除非政府能把它们全部买下，但这显然不切实际。"[2]

得做点什么了，必须让私人企业家重新爱上剧院。

解决的办法，是从曼哈顿中心区 **[SD]** 的时报广场区域划出一个剧院特别区。城市将剧院保护区与先前制定的奖励制度结合起来。

特别区域
[SD] § 3.01

1　Stern [1995], 444.

2　Jonathan Barnett (1970), *Introduction to Part III: Case Studies in Creative Urban Zoning*, 127.

在这里，建筑物获得容积率奖励的原因，并非因为提供了公共休憩设施，而是建设了剧院及其必要的基础设施。

与罗伯特·摩西的高速公路的结果不同，城市街道网格通常被切割、叠合或中断——但不是通过新建街道，而是通过地块中间的人行通道和拱廊来实现。纯粹的地理相邻不再是确定街区的唯一标准。相反，"维持相邻开发项目间的某个连续性，已成为强制要求。"

例如，在林肯广场文化区："鼓励开发商沿东侧百老汇商场提供连续的拱廊，以形成林肯中心的统一背景，并建立连续的风雨步行长廊。"[3] 独立的广场迄今为止在城市中随意分布，开始（姑且是暂时的）相互协调，与新的步行设施共同形成一个连续的公共空间。

在那个稍有英雄主义色彩的轶事里，让人回忆起雷蒙德·钱德勒（Raymond Chandler）的犯罪小说。1967 年成立的纽约城市设计小组的成员理查德·温斯坦（Richard Weinstein），和市长约翰·林赛（John Lindsay）与阿斯特酒店（Astor Hotel）的开发商就建设新剧院谈判到深夜。[4] 他们一起坐在萨姆·明斯科夫父子公司（Sam Minskoff & Sons）办公室的结实的大皮沙发上，喝着昂贵的威士忌，从这家富裕开发商的豪华复式楼里享受着曼哈顿天际线的美景。但这没能使市长转移此行的真正目的。

温斯坦引述林赛的话："我生命中的每一天都在央求人们做些有利于纽约的事情。这些事有时候使他们更富裕，有时候使他们更贫穷，我不知道将会如何影响您。但我的确知道，在这个地块上建设剧院是对城市有利的，而今天，您肩负着这个责任。"[5] 因此这是一场持久战，城市想要一个剧院。而开发商想通过它得到足够的补偿金，或者更确切地说，想要城市为其建设的剧院买单。随后一系列的此类会议，城市设计小组和开发商召集了办公、剧院和建设等机构。最终，市长为开发商设立了特别开发通道，暂停了许多通用的规定："城市向开发商提出了比当前区划上限最多高出 20% 的建筑面积奖励，免除高度、后退的规定，在没有提供广场的情况下，可以把区划赋予的广场奖励用尽。"[6]

1972 年开始矗立在时报广场的，是 227 米的阿斯特广场一号

3　Jonathan Barnett (1970), *Introduction to Part III: Case Studies in Creative Urban Zoning*, 128。

4　Richard Weinstein（1970），*How New York 's Zoning Was Changed to Induce the Construction of Legitimate Theaters*, 131-136.

5　同 4。

6　同 4。

大楼（其前身是 W・T・格兰特（W. T. Grant）大厦），它是次年《剧院特别区分区修正案》的先导者。

新的法规还展现了时报广场未来的两种生活方式——基本上以夜幕降临为界：夜间是迷人的娱乐区，白天是高尚的商务区。

根据规划师的设想，在剧院区内新建办公大楼是不可避免的，也是有需求的。然而这个有关办公楼和剧院的新规定，却对于保存现有的老剧院考虑得太少了。对于那些历史建筑，（例如）开发权转移的选项来得太晚了。[7]

不连贯的空间

但是，规则一般受限于规划的语言。规则的参考对象是至关重要的。如果规则指向现实的地块，如特定的开发项目，那么就容易因特定的对象而忽略其与周边环境的关系。这样，新建筑就会只依据参考物的特征、参数或特色构件进行建设。这是一个个性化的过程，优点是提高城市的多样性，但现实中，往往会造成特色要素的冗余。

如果参考对象是寻常可见的，比如街景、高级基础设施或被管理对象的周边环境，那么相应的结构连续性也将转移到被监管的对象上，从而形成地区范围内的连续性。

城市规则中，一般（公共）化和个性化指引的区别，可以从1916 年区划条例和后续的 1961 年条例的对比中看出。1916 年条例的一系列规则，都是超出独立地块范围的。仅看建筑后退街道比和高度分区 [SSR] 就能理解了，它们都是基于街道宽度而形成的规则。这样，纽约街道空间的连续性，以一种超出地块边界又统一后退的形式，被传递到建筑单体。

建筑退台街道比
[SSR] § 4.13

容积率
[FAR] § 7.01-1

从 1961 年开始，特别是容积率 [FAR] 概念的引入，这样的连续性被大大削弱了。例如，容积率是一个绝对的自身参照指标，它通过地块面积直接影响总建筑面积。相关规定更以此为前提，如因提供公共设施所获的容积率奖励，皆没考虑周边的环境背景。结果，纽约出现了"矗立在各自广场的高楼、被打断的购物街、随机出现的开放空间等，却都与地形、阳光或临近的广场设计无关"。[8]

7　最初引述于 1998 *Theater Subdistrict Zoning Regulations*。

8　Clifford L. Weaver and Richard F. Babcock (1979), *City Zoning, the Once and Future Frontier*, 62.

零售界面的连续性 [RFC]

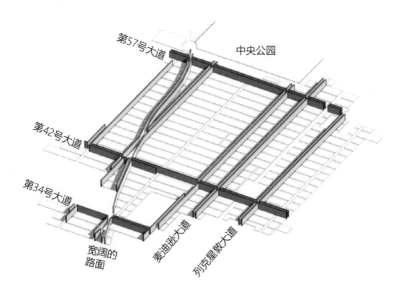

图 104a　嵌入网格 # 2：曼哈顿中城的零售和街墙的连续性

店面的多样性 [SFD]

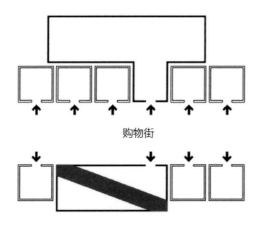

图 104b　在西雅图的购物街上，商业设施的店面不能超过邻居的 1.5 倍

随后的几十年见证了对该现代主义理念的大量批判，并引入了一系列的补偿措施——邻近物业的属性再次受到尊重。当然，作为一个优秀的规划工具，容积率的重要性不容置辩。为了诱导私人物业提供公共设施，与之配套的奖励制度依然非常受欢迎。辅助容积率的，是被一套用以产生连续性的规则——常以规划图的形

式出现：例如，曼哈顿市中心区的临街零售连续性 [RFC]（同样可见于旧金山、西雅图、温哥华）、连通纽约剧院区的连续拱廊和步行通道、洛杉矶穆赫兰道的邻里相融性要求 [NC]、纽约的响应文脉 [CB] 和街墙连续性 [SWC] 的要求、西雅图的步行街分类 [PS]，等等。此外，许多城市都制定了明确的规划，使绿地和公共空间的细分要求保持一致性。

善良的排外

在许多评论家的眼中，纽约的广场与剧院的建设热潮，表面上都是由本意善良的规划手段所诱导的，但它们却导致了单调和衰退。然而，问题并不在于规则本身或者规则的目标，而是它们对空间的过度使用 [GT]。城市唯一受到责备的，就是它低估了自己的成就。

但政府并不能完全管控这种城市热潮。悲伤中带着乐观，简·雅各布斯的《美国大城市的死与生》描述了在经济成功的容积率驱动下供过于求的趋势。除了上述功能，她还列举了艺术画廊、餐厅、夜总会、公寓、服装店和旅游景点等的供过于求。原则上，这些功能都不是令人讨厌的。相反，正是由于它们被广泛接受，才能如此迅速地扩张，但那些能保持城市平衡和多元化的重要功能则被赶走了。这腐蚀了城市成功的基础——城市环境的复杂性。

城区从此"去多元化"，并逐渐萧条了。这导致了"多样性的自我毁灭"[9]，甚至导致了城区的"过时"。无论是餐厅、写字楼还是剧院，情况都一样。

在 1974 年，即苏活区成为纽约艺术家协会的法定实体后的第三年 [AC]，《纽约时报》刊登了"苏活（SoHo），自身成功的受害者"一文。[10]

1971 年，纽约将该地区的工厂阁楼重新区划为艺术家公寓，从而使约 600 个家庭的居住合法化。既然它已成为了"住宅区"，矛盾点就转移到是否允许所有的社会阶层——至少那些能够支付得起的人生活在苏活区。特别是业主和房地产经纪，认为当时的区划太严格了。

苏活区在分区规划中被当作艺术家的绿洲，这明显加剧了矛

9　Jacobs (1961), 241-256.

10　Wendy Schuman (1974), *Soho a 'Victim of Its Own Success'*.

盾。当然，居民不用再担心遭到警方的驱逐。但街区吸引了大量游客和路人，他们希望能亲眼看见艺术家是如何在苏活区生活的。这些人为咖啡馆、饭店、书店和美术馆提供了客户基础，同时吸引了这类店铺的进驻。一个曾经为艺术家提供廉价生活空间的避难所，如今成为高价的商业橱窗。有鉴于格林尼治（Greenwich）村的商业化，居民喊出了口号"这不是另一条第8大街"。[11] "苏活区是自身成功的受害者"，正是苏活区的规划师玛丽莲·玛玛诺（Marilyn Mammano）说的。

拥有文化事务署苏活区认证的艺术家并不多，即使他们有权去申请。原因是他们都住在工厂阁楼里，大部分空间对于区划的标准来说太大了，没人希望自己的不当行为被人发现。另一方面，苏活艺术家协会也没必要支持一个专属的艺术家街区，协会并不反对如画廊经营者、艺术评论家等相关的专业团体生活在苏活区。

该协会曾对这座城市承诺，以自治的形式继续遵守分区条例。一旦这些"独立公务员"被居民秘密举报，协会便限制居民的活动，并鼓励他们去申请认证。

与此同时，与揭露苏活区的居民并非艺术家的任务相比，城市面临着更大的挑战。该社区向房地产市场开放，价格的上涨会快速地将贫困的艺术家驱逐出去。

然而，根据《纽约时报》，城市管理的问题之源不一定是非法居民，而是非法住宅。供社区居住的许多建筑物，并未被区划为居住用途。它们要么条件太低劣，要么太大。为了保护现有的工业和手工业免受公寓市场的威胁，建筑当局迄今只允许将较小的单元划为住宅用途。但由于整体经济形势导致了纺织制造业的外迁，房地产人士和规划师几乎不知道该如何处理这类大型建筑物。也许它们可以被用作舞厅，或者其他不受当地人欢迎的功能？但当方案威胁到生活的安宁，苏活区的居民就会对城市规划委员会施加压力，限制苏活区的土地使用。

一群面对任何形式的区划都极端焦虑的个人主义艺术家，有谁相信他们会团结起来，形成一个真正的社区，并在积极使用排他的、隔离主义的规划工具！

11　Wendy Schuman (1974), *Soho a 'Victim of Its Own Success'*.

（...）

(b) Nighttime closing of existing public open areas

In all *Residence Districts*, the City Planning Commission may, upon application, authorize the closing during certain nighttime hours of an existing ~~plaza, plaza connected open area or residential plaza~~ *publicly accessible open area* for which a *floor area* bonus has been received, pursuant to Section ~~37-06~~ 37-727 (~~Nighttime Closing of Existing Public Open Areas~~ Hours of Access).

图 105　法规不断修正的常态化

时间导致的不连贯性

[A]
格林威治村
市民团体

[L]
纽约

多样性被破坏的问题，与监管措施密切相关，而且恰好发生在积极的发展模式偏离轨道的时候。这种过度开发的最大缺陷是它无法自我修正。某种功能的量会持续增长至饱和，并取代其他功能。

修订周期
[RC] § 1.05

这里需要的是以时间来校准对策。在这方面，1961 年的区划调整引入了差异化的对策，并产生了一些积极的影响 [RC]。

首先是积极的方面：规则从根本上发生了变化，也就是说，通过修改规则或者停止常规的开发过程，为城市贡献了多元化。但原则上，发挥大作用的并非是"如何"改，而是对规则及其相关惯例进行更改这种行为。例如，大体块建筑 [BBT] 由于经济上的成功而激增，但在延伸至曼哈顿中城时就停步了，其实早就该这么做了。

大体块的建筑
[BBT] § 7.02–16

那么现在说说缺点：规则变更后，成功实施的内容得到了强化。广场型办公大楼在 1961 年之前并不多见，但如今在政府的支持下不断涌现了。没有一片雪花是无辜的。

在更早的 20 世纪 30 年代，纽约战前最高的建筑完工的时候，刚好遇上了经济大萧条。这种阶段性特征，如上文提到的一样，在不断加码的投机性建设与经济兴衰周期之间，管束着高层办公楼的建设。这个调节器阻止了在市中心建造更多更高的建筑，从而挽救了一些旧房子，因此保留了一定程度的建筑多样性。

1959 年，格林威治村的民间组织成功地为某些街道争取了最大的限高。然而，已有不少建筑超过了该限高。

是规则来得太迟了吗？

不，因为它根本不是为了阻止高层建筑，而是阻止它们暴增。"再次，同质性被排斥了，或实际上，差异性被纳入了……"[12]

12　Jacobs (1961), 253.

图 106　耸立在一群绅士中的纽约联合国秘书处

因此，规则最重要的方面，是它们在特定时限内明确的稳定性。

通过数以千计的修正，以及每隔 40—50 年的版本修订，纽约分区条例才被赋予了非凡的设计质量。这是否太久了呢？但这些规则的修改并非因为其自身的失败，反而是持续自我调节的动态监管机制的必然结果。只是它可能偶尔过于惰性，并且反应时间缓慢。

这种明显的不连贯性，也体现在开发商对过度监管的直接挑战。

绅士协议

世纪之交前的纽约：矗立在东河岸边上的，是由华莱士·K. 哈里森（Wallace K. Harrison）在 1947 年～1952 年间建设的联合国秘书处大楼。在 152 米的高度，联合国的板式高层主导了地区的景观。其他高楼恭敬地对它保持了距离，而且附近的建筑都没有它高。由罗氏丁克卢事务所（Kevin Roche John Dinkeloo & Associates）建于1975 年的联合国广场一号塔楼，其高度与联合国大厦的高度完全一样。建筑的高度确定源于绅士协议 **[GA]**，每个人都遵守了它。

或几乎每个人！

2000 年，一座在随后两年保持为全球最高的住宅大厦盖起来了。这就是细长的特朗普世界大厦（Trump World Tower），由科斯塔斯·康迪利斯建筑师事务所（Costas Kondylis & Partners LLP Architects）建造。其 261 米的高度，并不是随便找个地方安放的，

[A]
特朗普与联合国

[L]
纽约

绅士协议
[GA] § 3.03

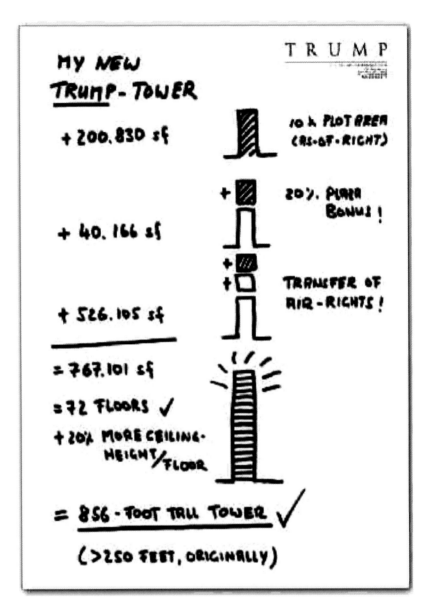

图 107　塔楼高度的估算

而是恰好贴近联合国秘书处大楼，就在第一大道与第 47 街的拐角处。

作为一个经常挑战城市规则的行家，唐纳德·特朗普设法使他的世界广场大厦（World Plaza Tower）超过其旁边的联合国秘书处大楼的高度限制，在一定程度上好像根本不存在限高。在其所购买的面积为 20083 平方英尺（1865 平方米）的地块上，唐纳德·特朗普依法并有权建设容积率为 10 的塔楼——200830 平方英尺（18650 平方米）。

通过不覆盖整个基地而留出周边的空地，塔楼变得细长。在区划层面，这个空间被认为是一个"广场"，让特朗普获得了前述的广场奖励 [PB]，使建筑面积增加了 20%，也就是增加 40166 平方英尺（3731 平方米）的面积。

广场奖励
[PB] § 7.01-4

同时，特朗普仔细研究了周边的建筑和地块。他发现，这些地块完全被建筑物覆盖了，但并没有用尽分区规划所规定的上限。面对可观的诱惑，这 7 个地块的业主愿意出售还没用尽的开发权。这些上空权 [TDR] 转移给了特朗普先生，使他拥有了开发权的增量。

开发权转移
[TDR] § 5.14

加上自己的地块，使他有超过原区划上限的额外 526105 平方英尺（48875 平方米）的楼面面积。因此，这里可以建设 767101 平方英尺（71253 平方米）的楼面面积。但是，这些阴谋诡计都没有引起公众的关注，甚至后来项目的反对者也没有意识到不妥。特朗普后来幸灾乐祸地对那些迟来的认识评论道："你可以说他们是在方向盘上睡着了。"[13]

由于区划法案并不规定层高，特朗普简单地把层高按市场均值再提高 20%，从而进一步增加了塔楼的高度。

特朗普大厦的起始楼面面积仅为地块面积的 10 倍，而现在已超过 38 倍了。它 856 英尺（261 米）的高度明显地违反了绅士协议——要保持联合国秘书处的高度优势。它高出了不只一点点，而是超出了 90 米！[14]

当所有人还必须保持渺小时，变伟大就很容易了！

从公众的角度看个体

由于人为地降低了开发高度，并维持了数十年，特朗普的大厦像方尖碑似的直入云霄，引人注目，它或许为住客提供了纽约最壮观的景观。顶层公寓更具有能与帝国大厦相媲美的景色。

该项目的主要反对者是居民，但也有名人、建筑社团、社会团体、律师和一些不断指责这个建筑带来不公正的有钱人。维拉尔（Vilar）说，在拥有 30 个房间的公寓里，他现在只能从卧室里看到帝国大厦了。他投入了高达 400000 美元作为反特朗普运动的资金。朱利安尼市长（Giuliani）因对居民的投诉充耳不闻受到责备；有人甚至

13　Donald Trump, quoted in Blaine Harden (1999), *A Bankroll to Fight a Behemoth; Rich Neighbors Open Wallets to Battle Trump's Project for Residential Skyscraper.*

14　Park Chapman (2000), *Built with a Merger Here, a Bonus There-Trump Plaza.*

图 108 风景是变化的——不美的风景也会变，曼哈顿的都铎城（Tudor City）

试图对参与的投资者施加压力（致函韩国前总统金大中，以阻止韩国大宇在特朗普大厦的投资）。也有人尝试证明该大厦将干扰纽约上空的飞机航路，但也失败了。

大厦最著名的反对者，或许是哥伦比亚广播公司（CBS）前新闻节目主持人沃尔特·克朗凯特（Walter Cronkite）。也难怪，因为该建筑完全阻挡了他从公寓里看克莱斯勒大厦的风景。1999 年 9 月 8 日，布莱恩·哈登（Blaine Harden）在《纽约时报》发表的文章引用了他下面的话："我们大多数人认识到，在充满活力的、不断变化的大都市纽约，只有那些足够幸运和富裕的人，才能住在第五大道、中央公园西部或者河边，以保证永恒地看到美景！"[15]

该项目的大多数反对者与第五大道的纽约客财富相当。

抱怨着城市的不作为，克朗凯特认为城市并没有尽责保护现有景观视线，他将"充满活力的、不断变化的大都市"与易变的规则间接地联系起来了。

面对克朗凯特的指责，更能从其反面看到纽约的内在品质：纽约的活力，正是因为缺少确定性形成的。在这里，环境是在不断演化和改变的。

15　Harden (1999).

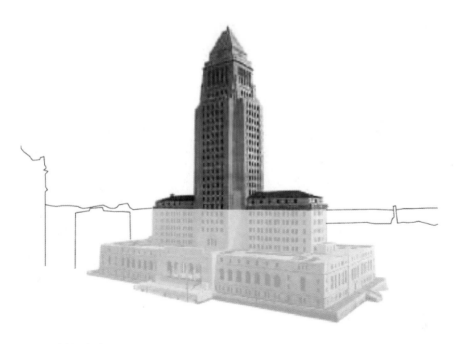

图 109　洛杉矶市政厅

　　享有好风景的权利不是"永久的"，也不应该存在：位于联合国总部对面的都铎城的居民，每天都在想起这种命运的优势。"位于第一大街上，都铎城并不缺乏壮观的景色：从东河升起的太阳、皇后区的复古百事可乐标志、联合国大楼等。仔细观察这座建筑的东立面，你会发现它缺少窗户。在 19 世纪 80 年代，这是一件好事。滨水区上充满了从屠宰场、制革厂、啤酒厂和拥挤的房屋里飘出来的臭气。犯罪群体科科伦公鸡党（Corcoran's Roosters），甚至占据了第 40 街的一个褐砂建筑。法国建筑师弗雷德·弗兰奇（Fred French），从 1925 年开始从事都铎城的住宅设计工作，他希望让该地区高尚起来。他设想这个社区是一个"城中之城"，并设计了内向型的形态，即东侧是没有窗户的。屠宰场可能在 20 世纪 40 年代前被清除，但窗户不能重新装上了。"[16]

官方的突破与打断

　　唐纳德·特朗普给我们提供了一个如何树立城市地标的榜样：起决定性作用的不仅是建筑物的本身，还有建筑物与周围环境、邻近建筑物的对比关系。

[A]
美国市政当局

[L]
波士顿，芝加哥
洛杉矶，费城和华盛顿特区

16　Stern (1995), 279.

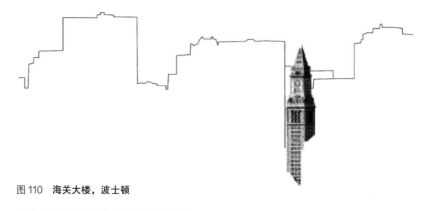

图 110　海关大楼，波士顿

威廉雕像在哪里？ [WIW]

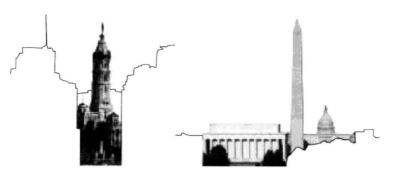

图 111　费城的威廉·佩恩　　　　　图 112　华盛顿特区的天际线

　　在周边环境的空隙中插入建筑，特朗普成功地构建了一个私人地标，这几乎是凯文·林奇所描述的教科书式的范例：

　　"这样的地标会更容易被识别到：如果它们有一个明确的形式；如果与背景产生反差；如果从空间中突显。图底关系的对比，似乎是首要的 **[LMI]**。" [17]

地标与标志
[LMI] § 5.04

　　市政当局很早就采用了这种方法。在 20 世纪 50 年代后期，洛杉矶将办公楼的高度限制为 45 米，以避免地震时建筑物倒塌的危险。尽管如此，早在 1928 年，洛杉矶已经在这个限高范围内建设了 139 米高的市政厅。在洛杉矶，地震灾害似乎并未影响到公共建筑。在波士顿，为了避免交通拥堵，全市范围的高度限制为 38 米，但美国联邦政府在 1915 年还是在该市建造了海关大楼。直到 1964 年，保诚大厦（Prudential Tower）（229 米的高度令人印象深刻）才取代了海关大楼，成为该市的最高建筑。

17　Lynch (1960), 78.

通常，在地面贡献广场可以获得容积率奖励

这里，把建筑顶部空间控制住比贡献底部广场更重要

图 113　这 12 层可以平移到相邻的广场上

洛杉矶和波士顿两地都逾越了自己的规则，将周围的环境退化为纯粹的背景，正如唐纳德·特朗普（太像了！）在纽约一样。

威廉·佩恩（William Penn）雕像并非坚不可摧：费城的建筑高度限制为 150 米，这是为了让威廉·佩恩雕像永恒地从市政厅 167 米的顶部向下注视着城市 [WIW]。但在费城，这个"永恒"只持续到 20 世纪 80 年代。届时，威廉·佩恩雕像将永远沉没。赫尔穆特·贾恩（Helmut Jahn）的自由大厦一期（One liberty Place），采用了 20 世纪 80 年代纽约克莱斯勒大厦的形态，高耸于威廉雕像之上，高度几乎翻了一番，使威廉雕像沦为城市中的行人。

华盛顿特区现在已经禁止了所有的高层建筑项目，从而使其国家古迹能在城市景观中占据主导地位。

威廉雕像在哪里?
[WIW] § 2.09

法令和秩序——立法的一致性与诠释的自由

特朗普世界大厦在联合国附近的对手们，寄望于对建筑的规管。这是一个不同的版本，但并不久远。

[A]
金斯伯格·艾希纳和麦克洛

[L]
纽约

事件发生在公园大道附近的纽约上东区东96街108号。1988年，艾伯特和劳伦斯·金斯伯格（Albert and Laurence Ginsberg）在那里完成了他们的公寓塔楼建筑。在31层的建筑里，有12层违反了现行的区划条例。而建设部门原来颁发的建筑许可证，依据的是一张失误的区划图，该区划图是允许建造31层建筑的。这个明显的区划图失误甚至在施工前就非常明显了（高容积率奖励的分区由于作图失误而被扩大了），发展商抓住了这个机会，继而加紧建设。

现在，建设部门已经决定拆除这12层不合法的楼层了。

在第一轮上诉中，法院驳回了修改区划的申请。[18]上诉法院认为，开发人员、建筑师和他们的律师，只要有过"审慎调查"，都可以轻易地发现该区划图中的错误，并及时停工。

金斯伯格兄弟的第二次上诉也被驳回了。这次，开发商认为该决定给他们带来了不合理的困难。他们认为，塔楼的大规模收缩将使他们的损失多达2000万美元，包括损失24套公寓。奇维塔斯（Civitas）的研究则削弱和减少了这一数字。奇维塔斯也是首个公开指正该建筑的不合法高度的公共利益团体。

根据他们的调查，在原先设想为广场的区域直接建造13层建筑，即可弥补从原建筑移走的顶部12层。新建筑将产生足够的利润，以抵消至少部分因拆除所造成的损失。[19]

这个事件中具有讽刺意味的是，这种方式完全颠覆了仍在普遍使用的广场奖励 [PB] 的逻辑。现在，建筑的体积不再是被从地面转移到高空上了，而应该是相反的，建筑物应该水平延伸，但消灭了潜在的宝贵公共空间。

与其破坏如此巨大的价值（开发商认为），不如以一种使双方都受益的方式来决定方案。他们的提议如下：为了保留具有争议的12层楼，开发商愿意改造位于东102大街113和115号的两处5层废弃公寓作为老年公寓。阿尔伯特·金斯伯格（Albert Ginsberg）总结了一份新闻稿，其中包含该建议，并带有以下醒目的用语："有时您必须委曲求全。"[20]

开发商从圣弗朗西斯·德·塞勒斯（St. Francis de Sales）的罗马天主教（Roman Catholic church）罗伯特五世·洛特神父（Father

广场奖励
[PB] § 7.01-4

18　通过修改区划，现有的区划上限可以被突破，但这需要有很强的理由来支撑。另外，公众听证是必须的，由社区委员会、纽约标准和申诉委员会或纽约规划委员会组织。

19　After Richard D. Lyons (1988), *Beheading a Tower to Make it Legal*.

20　David W Dunlap (1988), *Owners of Too-Tall Tower Offer the Renovate 102d St. Tenements*.

Robert V. Lott）那里找到了精神鼓励。"与其走回头路，不如从更广的视角看待这件事情。住房有需求，也许可以在为住房供应做些贡献的同时，对发展商强调一下区划法的重要性"[21]。

迄今为止，在纽约拆除的建筑都是为了在这个地块上增加建筑量。如果没有这个因素，开发商会尽可能不做这笔买卖，避免财产损失。

尚没有成功案例。

强制拆除建筑在决策过程中有极大的挑战。首先，必须在建筑物周围建造第二座脚手架塔。纽约法律是禁止任何缺乏保护措施的建筑拆除动作的。一旦要全面拆除，纽约的拆迁公司通常会通过尚存的电梯井运输废料。这样，建筑废料便可通过自身结构来运输。但在这个案例中是不可能的。

在 1993 年，一旦拆除，塔楼就失去了它额外的 12 层。

煽动者在一次公众辩论中提出了最终的解决方案，这也囊括在保罗·戈德伯格在《纽约时报》1989 年 5 月 19 日发表的"当发展商在游戏中改变规则"里。

在当时，金斯伯格大厦的拆除还没有既成事实。因此戈德伯格可以将这次事件与一系列其他事情联系起来，例如："私人开发商可以制定他们自己的规则，或者至少与当地政府进行协商，如果他们对此不满意的话，可以修改规则。"[22]

规划已成为一种交易，区划牺牲了它作为制度的道德权威。

1987 年建成的城市尖顶中心（City Spire Center）也强调了这一点，它超过了原先与政府协商好的高度 11 英尺。开发商艾希纳（Eichner）先生并非为了表达遗憾，而是为了回应这座城市施加的压力，在距离非营利性舞蹈公司很近的地方建造了彩排工作室。但练舞室和塔楼的高度有什么关系呢？又应怎样防止下一个开发商建造超过允许高度 22 英尺的建筑，并通过提供两个舞蹈室来补偿呢？

然后就是麦克洛（Maclclowe）先生的例子了。有一次，他的承包商暗中非法拆毁了一家旧的单人间旅馆。他后来被同事们称为兰博（Rambo）。开发商向该市捐赠了 200 万美元，用于在其他地方建造住房，同时开始在时报广场东边的西 44 大街建造他的奢侈酒店——麦克洛酒店了。

21 David W Dunlap (1988), *Owners of Too-Tall Tower Offer the Renovate 102d St. Tenements.*
22 Paul Goldberger (1989), *When developers Change the Rules During the Game.*

提高了的入口

[A]
派克

[L]
纽约

通过强制拆除金斯伯格建筑的 12 层楼，这座城市强调了它的观点。虽然最初是当时的市长埃德·科赫（Ed Koch）赞成与金斯伯格兄弟达成协议的。是时候停止这种犯罪了！

对于市政当局来说，通过修改法规改变原来规定的建筑结构，就是公开的法律对抗或违反法规的行为，这与规则的"创造性"解释无关。在市民眼中，他们就是在对抗法律。

相邻的两栋建筑需要相隔多近：在大多数情况下，看一眼首层平面，或者简单检查一下地块轮廓，就能作出应设置一栋还是两栋建筑的决定。

区划的规定始终与单个建筑物或财产单元有关。因此，实际上，业主和开发商都不会有这样的想法，即特别长或特别宽的建筑物——与一般的看法相反——不是一栋，而是两栋或更多栋的建筑物。

为什么他们会那样做呢？一个建筑是由不同的部件组合起来的。

对于纽约的高层建筑项目，这是值得探究的。特别是如果地块被划为"混合用途"。在纽约，这种"特殊混合使用案例"应进行特殊的审查程序，并附加更多的限制。

位于第 56 街（西 56 街和第 7 大道）上的北方大酒店（Great Northern Hotel）的旧址上，对于筹备中的酒店和公寓楼而言，发展商杰克·帕克（Jack Parker）声称这不是一个建筑，而是一对建筑，是一栋建造在另一栋建筑之上的建筑。也就是说，一栋 25 层的公寓塔楼和一栋 15 层的酒店塔楼 [VA]。

垂直组装
[VA] § 7.03-3

这样的解释是为了避开公共审查的不确定性和麻烦的过程。

在 1979 年开始规划时，该地块的容积率是，住宅用途为 12，商业用途为 18。派克的公寓和酒店项目已获得的允许容积率为 16。

天空曝光面
[SEP] § 7.02-6

然而，除了体积规则外，纽约还拥有被熟悉的"天空曝光面"[SEP]，旨在保证街道获得光和空气。本来规定，当建筑达到 26 米后要进行退缩。但事情的起因并非源于派克的律师，而是来自建设局的许可。根据区划条例，一栋占了基地 40% 面积的商业塔楼，不需要考虑天空曝光指数的退缩规则。考虑到地块很小，是不可能只用地块面积的 40% 建设。因此派克的律师指出，住宅建筑的法规远比商业或混合用途建筑宽松。派克和他的建筑师菲利普·比恩鲍姆（Philip Birnbaum）更充分利用了这一点，定义这栋

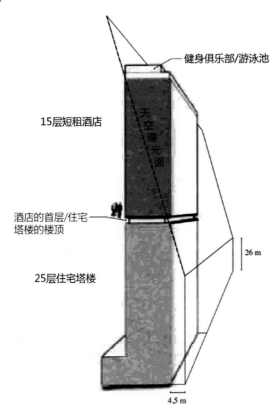

图 114　派克子午线（Parker Meridian）: 这是一栋楼还是两栋楼?

建筑不是一个混合利用的建筑，而是两个分开的建筑，即一栋公寓和一栋酒店，只是酒店建在了公寓上面。

最后，派克的组合塔楼项目提升到了雄伟的 115 米，而且没有退缩。仅有一个独立楼层标识出酒店的入口大堂建造在 43 米的住宅楼之上（虽然最后并没有执行）。与任何两个普通的建筑物一样，这成对的建筑物具有两个单独的施工许可证、两个不同的公司所有者和两个不同的税收分组。[23]

这个建筑顶层的是一个健身俱乐部，可以欣赏到城市和中央公园的壮丽景色。这两个"建筑物"超级荒诞，若分开测量的话，它们分别只有 43 米和 73 米。总体而言，这是 1980 年纽约著名的市区运动俱乐部的杰出继任者，也体现了诠释语言在结构性和荒诞性之间的摇摆。

23　Carter B. Horsley (1979), *Is it One Building or Two? New Project Halted by Dispute.*

第9章

经过设计的多样性

　　规则不但是管理的工具，而且是城市设计的工具。它有三个重要任务：第一，它应该在明确的范围内，通过发掘开发潜力来产生多样性。这种多样性应包容不同的发展策略。第二，它对设计过程以及后续的城市开发，应该发挥一定的引导作用。换句话说，它是一种调控机制。第三，它是一种评价工具：城市的整体是否符合每一条规范，并且与其初衷相符？监管机制在哪里失效了？可以如何改善？

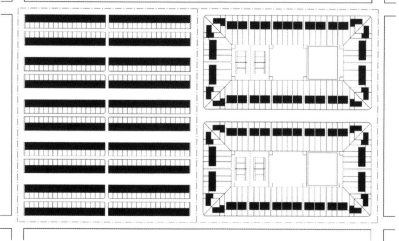

图 115　雷蒙德·安温所并置的"两种开发体系"

常量和变量，密度的变化

[A]
霍尔，克拉克和金士敦，
马奇、马丁和安温

[L]
英国，纽约

1912 年，英国花园城镇规划协会（Garden Cities and Town Planning）发表了一篇题目为《过度拥挤没有好处》[1]的文章，作者是英国城市规划师雷蒙德·安温（Raymond Unwin）。

就像他的战友和前辈埃比尼泽·霍华德（Ebenezer Howard）一样，他也推广花园城市的理念。然而文章的重点并不放在社会改良的方向，而是根据花园城市的理念，发挥对城市分区进行经济测量的优势。人们认为，花园城市由于较低的密度而遭受经济赤字，与当时的现代行列式住宅相比，购房者需要承受更多的经济负担。安温希望消除这种偏见。

有趣的是他的方法。作为最早的城市规划师之一，他经常摆弄各种方案。在第一阶段，他根据现行的指引和法规，将一个面积为 4 公顷的土地进行细分。该地块已为行列式住宅预留了足够的空间。这 340 栋房屋被分为 20 排，全部面向街道，并通过后巷提供了额外的强制性通道。

第二个方案包含由 2 个、4 个或 6 个房子组成的组团，其前后院围绕公共空间布置，以通道进行分隔，布置了公共游憩场地以及网球场。第二个方案一共布置了 152 间房屋。显然第一个方案的使用率更高，利用了更多的土地面积，因而也是更加经济的。然而，

1　Raymond Unwin (1912), *Nothing Gained by Overcrowding! Or How the garden City Type of Development May Benefit Owner and Occupier.*

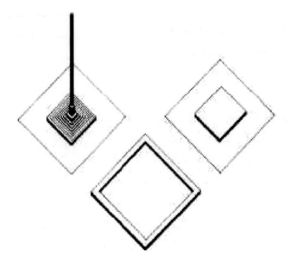

图 116　住房密度和其布局的关系

在方案的附表中，安温却展示了相反的情况。他把购买土地的成本与开发成本并列在一起。传统的开发方式与花园城市模式相比，户均街道空间更大。所以后者的经济效益实际上更佳，更不用说它拥有更多的绿色空间和游憩场地了。

　　这里起决定作用的，是房屋地块价格和街道建设成本之间的关系。安温对变量的影响进行了解释：当土地相对较贵、修路相对便宜的时候，因过度聚集而带来的价格优势将会优于在土地较便宜、道路建设相对较高的地方。[2] 这种对常量、变量和模式变化间的关系探索，以及对数量与效果间的关系的探索，标志着规划走向"现代"（比如理性）的决定性的一步。

　　安温的方法论在 20 世纪许多地方的规划实践中都有所体现，并不受意识形态所影响。

　　1. 从经济角度考虑，是可以找到这样的模式变化的。例如之前提到的，克拉克和金士顿在 1930 年出版的《现代办公楼的经济高度研究》[3][EH]。对于纽约高层建筑来说，最高效的高度，基于当时的特定条件，是通过一系列的高度模式和常量来表达的。

　　2. 20 世纪 60 年代，莱斯利·马丁（Leslie Martin）和莱昂内尔·马奇（Lionel March）进一步将安温的建筑体量分类模式进行拓展。[4]

经济高度
[EH]§ 7.01-6

2　同 1，第 7 页。
3　William Clifford Clark and John Lyndhurst Kingston (1930), *The Skyscraper; a Study in the Economic Height of Modern Office Buildings.* 同时参见第 184 页。
4　见 Leslie Martin (1972), *The Grid as Generator.*

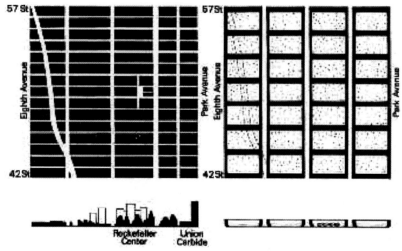

图 117 "不是我们需要它们，而是我们想要它们！"
基于同等体积的曼哈顿中心区的两种形式

以菲涅耳图（Fresnel diagram）的几何方法为基础：图上每个圈层的厚度在逐步减少，但是每个圈层的体积都与中心圈层一样。这个简单的图示展示了在同样（常量）的体积下衍生出来的 9 种形态模式。

一旦我们把这些体量看成建筑，相关的准则就会带来各种具体问题，例如场地入口和开敞区域的处理。

基于这一几何原理，莱昂内尔·马奇和莱斯利·马丁在《作为发生器的城市网格》中展示了一个实验。他们选取了曼哈顿中心的高密度区，重新配置建筑体量，保持建筑实体占地面积不变，使其成为围合式庭院地块。这样的转变使开敞空间的比例大幅增加，同时将街块的最大高度从平均 21 层降到了 7 层，但保持了总建筑面积不变。

这个实验改变了曼哈顿中城的外貌。我们看到的不再是高效、高利润、高密度的城市空间，而是一个空间奇观。它不再对土地进行充分理性的开发。多年以前，菲利普·约翰逊曾经强调过这一点："我们没有拥有高层建筑的理由。不是我们需要它们，而是我们想要它们。它们的建造只是因为我们有主观的愿望。如果以合理的规划来分配城市功能，小型建筑就能发挥作用了。东京几乎没有超过7 层的房子，巴黎仅有一座摩天大楼。（这是在 1960 年写的，远早于任何拉·德方斯模式的建设。）高层建筑只代表了美国人的傲慢气焰"。[5]

5　Quoted in Ada Louise Huxtable (1960), *Towering Question: The Skyscraper.*

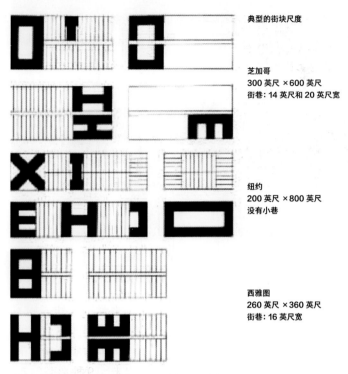

典型的街块尺度

芝加哥
300 英尺 ×600 英尺
街巷: 14 英尺和 20 英尺宽

纽约
200 英尺 ×800 英尺
没有小巷

西雅图
260 英尺 ×360 英尺
街巷: 16 英尺宽

图 118　斯蒂芬·霍尔（Steven Holl）的字母城市

间接地，菲利普·约翰逊描述了一个潜在的城市形态变化范围，使其在可度量的标准下所产生的效能保持不变，例如利润。

3. 很明显，城市及其建筑是可以用规则来解译的。斯蒂芬·霍尔在 1980 年出版的《字母城市》[6] 中展示了这一点。书中，他展示了北美早期典型高层建筑的类型模式，以及它们是如何在 1930 年以前的规则下被开发出来的。这些规则包含了：（1）官方区划条例的规定；（2）满足光和空气的自然使用需求；（3）城市网格的控制因素；（4）建设地块的大小；充满了各种可能性，这些规则下的建筑有大量的表现形式。根据他们的平面图案与字母形状的相似性，霍尔将建筑物分为 T、I、U、O、H、E、B、L 和 X 类型，还附加了这些形状的几个额外组合。

事实上，这种体量组合的调整余地，大大地超过了休·费里斯（Hugh Ferriss）早期以铅笔草图提出的预警。[7]

6　Steven Holl (1980), *The Alphabetical City*.
7　Hugh Ferriss，1929："尽责的城市规划师会注意到，当今趋向紧密排列的高层塔楼带来一系列的威胁。这个趋势是存在的；因此，也许绘图员应该指出，在不进行方案审查的情况下会有什么后果。然而这样的草图并非是启发式的，它更是一种预警——如果没有任何干预，它将变成这样。"见 Ferriss (1929), 62.

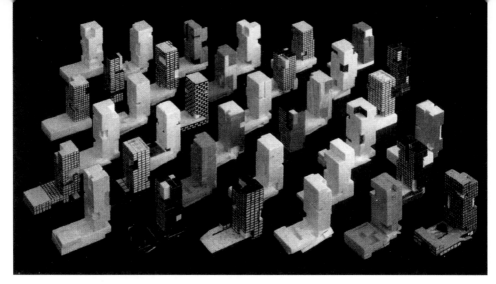

图 119　各种可供选择的产品。诺特林·里丁克建筑师事务所（Neutelings Riedijk Architects）的探索性试验

尽管如此，霍尔的研究仅到 1930 年；在接下来的几年，随着上面讨论到的一系列创新，包括高效电梯、微气候控制和人工照明的引入，以及一系列准自然的限制消失，区划条例的刚性外轮廓的限制范围被逐渐填满。在区划范围内追求最大的建筑体量，既不是最有利可图的选择，也不是可及的理想，更不是一个疲倦的恶魔，而是一个隐隐约约到来的现实。自然光线、空气等相关规则的消失，同样导致了高层建筑形态多样性的消失，大体块的建筑占据了优势 [BBT]，而其他形态类型只有少量占比。大体块类型完全符合休·费里斯的建筑轮廓原型，它被物化为建筑了。"被法律放到建筑师手中的造型"[8] 成为标准，这是一种不受干扰的、基于经济效益的自动生成方式，是通过更少的有明显决定性的规则和限制来实现的。

大体块的建筑
[BBT] § 7.02–16

方法论：设计规则——不明确指定的重要性

规则能够产生多样性。它可以在社会或空间配置上形成多样性的结果。松散的规则也可以得出确定的结果。

根据霍斯特·瑞特（Horst Rittel）的设计方法论，多样化能持续地解决复杂问题。建筑师同样使用了这样的设计方法。这不一定是为了产生多样性，主要是通过多种模式选择最好的解决方案。

在这种情况下，一个有足够人力的工作室氛围是很有帮助的。劳动分工是必要的，应该有通过松散方式制定特定标准的人，也应

8　同 7，第 74 页。也可见于 *Two Uneven Twins*，p.167.

该有最大数量的能够自由解释这些标准的人。只有这样才能产生足够多的形态模式。然而在这个过程中，被解释的并不一定是规则本身，而是在它们规定下所产生的自由度。[9]

多阶段备选[10]是瑞特产生多样性的主要策略原则。瑞特定义了四种可能的设计策略：

第一种是线性解决方案的方式，属于经验丰富的设计者策略。他们基于自身的经验，不会有任何问题。每一个变化都只是对偏离既定目标的修正。

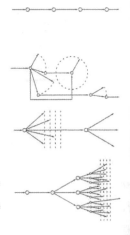

第二种策略是探索性尝试。设计者从解决方案出发。如果设计过程不能导向预想的结果，他就重新回到原点。

第三种策略是形成替代方案。设计出一些替代方案并对其解决问题的能力进行评估。以效能决定最好的解决方案，效能作为评价标准，而解决方案则为接下来的设计过程提供基础。

第四种策略是多阶段的备选方案制定。为了解决问题，设计者首先提出许多备选方案；在后续的阶段里，也提出了系列的备选方案。最后，将生成的众多解决方案进行评估过滤，从中挑选出最好的一个。

如果第一种策略通常被认为是大师们的策略，那么许多建筑师现在推崇第三种策略，甚至第四种策略。通过设计过程的清晰任务分工，也就是对建立规则和解释实现规则进行分工，规则便同时转化为不同的任务块。它们同时作为指引，以及评判工具。作为当前手头任务块的条件及愿景，它们是产生多样形态模式的指引，突出各种可能性和方向，当然也可作为对独立形态模式的评价框架。

一个建筑师事务所如果缺少创造不同方案的人力，这个过程则局限在探索性尝试中。相反，一个城市拥有越多的方案创造者，它所能减少的规则就越多。

9　见 Neutelings Rjedijk 建筑事务所为阿姆斯特丹（Amsterdam）IJ 塔楼所提出的多种形态模式（工作模型）。Neutelings Riedijk Architects (1999), *N. 94-Neutelings Rtedijk 1992/1999.*

10　Horst W.J. Rittel and Wolf D. Reuter (1992), *Planen-Entwerfen-Design Ausgewählte Schriften zu Theorie und Methodik.* cited in Jürgen Joedicke (1976), *Angewandte Entwurfsmethodik für Architekten*, 18.

第 10 章

总结——一个经过设计的结论

1974 年，乔纳森·巴尼特在《作为公共政策的城市设计》一书中写道："建筑师和规划师继承着一些有趣的观点：他们认为自己是文化圣火的守护者和社会良知的守护者。从传统角度来说，这些真正的专业人士、真正的艺术家，被认为不应过多地参与政府、政治或房地产的日常工作过程。但是，他们呈交的高瞻远瞩的指引或图纸通常被政策制定者认为过于理想化，且与当前的问题无关。"[1] 巴尼特认为，建筑师和城市设计师应亲自为设想的行动空间撰写和设计基本规则，而不是脱离制度决策过程进行最终的设计。

---

1 Jonathan Barnett (1974), *Urban Design as Public Policy: Practical Methods for Improving Cities*, 6.

因为城市设计涉及公私利益的协调，制度框架便成为设计对象，或者说：规则的制定变成了设计任务，而规则变成了设计工具。判断这种方法是否正确，我们可以看这些规则是否在明确的设计任务中发挥作用，这些规定能否导向可操作和高质量的结果。

基于这个认知，前几章讨论的材料，包括对100多条规则的描述，可以视为一个探索性的带注释的资料库。

下面将评述一些案例和设计项目，它们明显受前述机制和规则的精髓所启发。

因此，以下几个问题十分重要：哪种城市需要具有一定自由度的设计框架，而不是固定的设计？生成基于规则的设计框架有哪些结构参数？如何定义自由度？如何设想预期结果？如何评估和修改此预期结果？

此外，重要的是这些精髓如何被可视化，如何以容易被理解的方式进行交流。设计不再一成不变，它包含了"控制和自由"，这一事实难免让我们面临一个悖论：当不用绘图，且简单的规则难以提供容易理解的信息时，设计应当采用什么形式呢？

苏黎世联邦理工学院的凯瑟尔罗（kaiserstot）[2] 研究项目在计算机辅助下探索动态规则集，试图以现实的解决方案回答这个问题。它以编程而不是绘图的形式开展项目，然后进行模拟，最后以多种形式可视化。该仿真与可视化过程提供了重要的附加价值。快速更改参数并可视化修改结果，使凯瑟尔罗成为利益相关者之间的有效沟通工具。由此产生的建成环境不再是最终的设计，而是协调过程的结果，但仍能产生强大的和有远见的城市和建筑质量。

分权制衡——凯瑟尔罗城

[A]
凯瑟尔罗团队，
KCAP 建筑与规划事务所

[L]
斯凯果夫（Schuytgraaf）

凯瑟尔罗是以软件的形式存在的。它一直在布局、形态和方案等方面尝试协调离散的个体需求。基础设施的供给源于参与者的个人需求，而并非预设的。凯瑟尔罗的生活是怎样的呢？

人们似乎在这个城市里过着幸福的生活。原因似乎很明显：他们得到了自己想要的，并且没有对其行为采取过度控制。但是这个地方与天堂相距甚远！

尤其是在城市建立初期，我们发现邻里纠纷的数量高于平均值。

2　见 kaiserstot 官方网站。

人们不断地争论，捍卫他们的个人利益，并就公共环境和领地应如何布局等问题进行辩论。相比坐在自家的阳台，居民更愿意花时间隔着树篱与邻居交谈。那是动荡不安的岁月，当居民刚相中一个地块的时候，会发现这与他们预想的完全不一样，这里离森林、湖泊、体育设施和友好的邻居都太远了。他们不停地寻找，测量各种地块、区位和景观。出行也是很困难的，因为安全的基础设施没有建设好，相互连接的道路每小时都在变化。在那个时代，不断变化的生活真的很艰难！

但过了一段时间后，人们的关注点逐渐远超个人欲望。他们开始了富有成效的谈判，同时也考虑到了邻居们的愿望。相互之间的利益开始平衡了。结果，一套行为模式或规则逐渐形成，成为为数不多的指导城市发展的隐性原则之一。人们意识到，如果不与邻居进行冗长的谈判，就很难以最大限度地实现所有愿望。他们必须自己作决定，必须接受限制。但这一切都发生得很自然，几乎没有人反对。规则被接受了，并视为一种关系而不是外部强加的控制。

今天，凯瑟尔罗的居民仍然站在他们的篱笆旁，不一定是讨论领地或其相互依赖性，只是和他们友好的、自己选择的邻居聊天。

在凯瑟尔罗城，达成和解的共同意愿只有在个体业主的私人利益得到表达之后才会显现出来。这种优先顺序清晰地体现在城市元素的形成顺序中。街道布局等基础设施是个体决策相互作用的结果，因此只有在最后才会出现。

我们的房子应该有多大？位于边界另一侧的邻居应该是谁（或是什么）？当然，我的房子该如何与街道网络相连接？这些都是初始的和高度离散的标准。只有在回答这三个问题之后，每个未来的业主才能确定各个地块的布局，相互连接的街道网络才能成形。作为公共领域，基础设施服从私人利益，并进行相应的修改。

优化，也就是说，实现所有个人欲望是一个旷日持久的迭代过程。首先把用地置于居民区，然后进行评估，处理以下问题：所有地块的形态和比例是否都符合这个区域？每个业主是否都有想要的邻居？简而言之：是否每个人都满意了？如果没有，一切将会被重新安排。

这经历了多重的私人利益对公共街道空间的回溯性重新定义，类似于19世纪的圆村镇（Circleville）重建。

图 120　每个人都有自己想要的邻居

在圆村镇，由私人力量推动的集体，使小镇布局从圆形变成方格网。但在凯瑟尔罗，并不存在一个满足所有需求的网格结构。圆村镇的基本原理是对独立地块进行利润优化，但在这里，需求的范围是高度差异化的。这里需要通过多种测试与评估，以达到最佳的布局，使所有居民都有宾至如归的感觉。这需要产生多种模式并进行相互比较。这些"测试—生产"的循环周期由计算机执行。

适用规则：

——最小地块面积：由地块所有者决定 [LS]；

——周边地区：与其他项目的邻近关系 [UG]；

——基础设施网络：每个地块与街道相连。街道的总长度应尽可能短 [ROB] [PSL]；

——邻近性提升了对管制的需求 [PC]。

地块面积要求
[LS] § 6.02
用途组别
[UG] § 3.08
稳定性
[ROB] § 4.15
人均道路长度
[PSL] § 2.05
邻里管制
[PC] § 1.07

摆弄餐具

[A]
凯瑟尔罗团队

[L]
格罗布斯临时店
苏黎世

格罗布斯临时店（Globusprovisorium）位于苏黎世中心——利马特河（River Limmat）的岸边，靠近中心火车站。建筑物的名称——直接引用其临时状态——已经表明其命运：该建筑自 20 世纪 50 年代由苏黎世连锁百货公司格罗布斯（Globus）建造以来，其拆除问题一直处于争议中。它位于该市最著名、也是最敏感的地点之一——纸云堡（Papierwerdinsel）旧址。从中央火车站到很多著名

图 121　逐渐成形的过程

地标的视线都在这个位置被打断了,如苏黎世大教堂(Grossmunster church)、山丘和湖泊等。

　　另一种选择,换言之,许多市民将和谐地更新现有建筑视为价值目标。该市已提议将百货公司与新酒店合并。但是新建筑应该建在什么地方呢?不可避免的是它将继续遮挡主要的视线通廊。它要么挡住了苏黎世的教堂,要么挡住了河景。每种选址方案都有其优势和劣势。城市必须作出决定。想要完成这个任务,只用一个规划是不够的。然而,项目建筑内部的关系是固定的。酒店主入口应朝向火车站,与之相邻的是大厅及餐厅。酒店客房应面朝水景和其他当地景观,购物中心才不会对酒店功能产生负面影响。

图 122a 餐厅为保证车站至苏黎世大教堂的视线通廊而降低高度

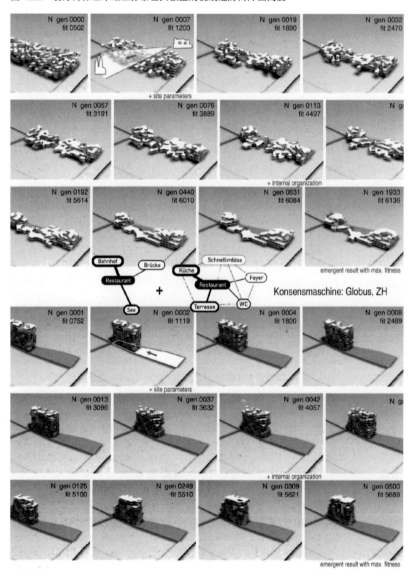

图 122b 形体的演变

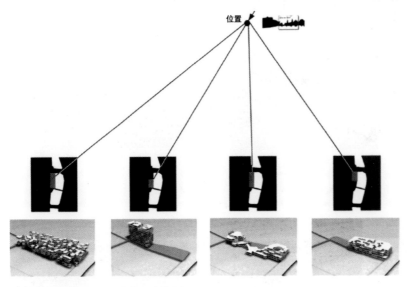

图 122c　所有场地和建筑都有正确的内部组织

餐厅既为酒店客人服务，也为路人和购物者服务。这些规则可以被描述为计算机程序中的关系。建筑的外轮廓及其沿利玛特河的位置是灵活的。该软件被送至城市，公务员可以自行决定，哪些标准、景观及相互关系是相对次要的，从而确定建筑位置及形态。对应每种情况，也提供了按照内部规则组织的建筑方案。他们总览了各种模式，也就是说，在为格罗布斯临时店寻找替代方案时，该工具支持但不能取代决策过程。

适用规则：

——视先管理（对建筑的看与被看）[LVM] [BP]；

——统筹各种临近程度和相互关系 [UG] [PC]；

——确定城市轮廓 [UE]。

伦敦视线管理
[LVM] § 2.10
城市背景保护
[BP] § 2.08
用途组别
[UG] § 3.08
邻里管制
[PC] § 1.07
城市轮廓
[UE] § 2.12

数不清的虚拟塔楼

魏哈芬岛（Wijnhaven Island）位于鹿特丹中心和马斯河（River Mass）之间。已经矗立在这被水包围的地形上的，是 7 层的块状建筑，但开发指标并没有被用尽。可以借鉴纽约格林威治的做法，利用塔楼提高密度。但它们应该建在何处呢？

[A]
KCAP 建筑与规划事务所

[L]
魏哈芬岛，
鹿特丹

这些塔楼必须小心、有序地建设，以免建造过程给现有的功能运行带来过多负担。正因如此，尚未有任何规划。相关的质量标准也要参考现有的法规。塔楼不能过分地遮挡已有和未来的建筑。通

图 123a　看着塔楼的建成……

图 123b　……他们拥有共同的基地——魏哈芬岛和已建成的 7 层高建筑群

常来说，每座塔楼的窗户数目都应最大化，以观看马斯河畔的景观。塔楼需要有独立地址，应采用点式高层。不应采用板式高层形式。

　　由于缺少明确的规划和建设时序安排，第一座塔楼的开发者自然享有最大限度的设计自由。第一个建造者拥有最多的场地选择余地，且不会受到已建塔楼的影响。除了遵循设计的基本原则，还有其他考虑因素，即尽快投资该地区的未来。

如今耸立在该区域的是五座相互毗邻的纤细塔楼。这在欧洲城市实属罕见——或许这正是由于一开始就缺乏详细规划的结果。

适用规则：

——遮挡 [2H] [DEC]；

——纤细的塔楼 [BBK]；

——拥有独立的地址 [TPS]；

——视野管理 [LVM] [BP]；

——避免天际线墙 [SWS]；

——分期实施 [PC] [TOE]。

大鸟笼

"大型住房项目往往看起来就像大型住房项目"[3]，威廉·怀特发现的这一特性适用于许多大型城市项目，无论是否为住宅区。一个简单的事实是，同时规划和施工的建筑容易导致各部分在视觉上的融合，视觉上成为一个巨型结构。由于其共同特点和内部的同质性，这种特殊的实体会自动从周围的环境中分隔出来。它们会变得孤立。如何才能防止怀特的预言成为现实呢？

2003 年的瑞士苏黎世火车站就存在这样的场景。在接下来的 15 年里，车站的许多部分包括轨道两侧都将被拆除。因此，城市需要在火车站周边建造一个新区，通向该区域的街道将会继续形成新的街区。有些区域可以在未来三年内开始开发，其他区域则要在 15 年后才能在铁路相关的基础设施上建成。人们对于这样的时间间隔也无计可施。因此，这个区域将自动丧失其计划的持续性。在 15 年内产生的总建筑体量，不太可能与更大的城市肌理形成视觉的统一体。这种"无计划的规划"对实现地区特色有何意义呢？街区布局由各个施工阶段确定。不同建筑师负责单个街区。在实施过程中，项目越来越难变成一个统一的整体了。对城市设计师而言，这种方法会产生结果失控的风险。

有几个附加规则是可以使用的，为正在开发的项目提供框架、参照或控制质量的作用。建筑群可受三维空间的限制，控制最大高

[A]
凯瑟尔罗团队，
KCAP 建筑与规划事务所

[L]
中央火车站
苏黎世

3　Whyte (1968), 245.

度和保护实现通廊，并最后避免单调且过高的垂直体量。在这种三维空间限制内，未来的建筑可以进行相对自由的开发。另一条规则同样适用：建筑外轮廓的部分固定边界必须与未来的开发重合。这一规则特别适用于建筑的底部。这样就定义了街道，也控制了建筑体量的衰退。2 小时阴影规则仍然适用。这不一定会妨碍高层建筑，但确实会促进土地混合使用：每天接受阴影超过 2 小时的建筑部分会出现办公功能。住宅以最低比例控制，将根据塔楼数量及形式进行间接调控，以确保充分的混合使用。规划逐步转化成一组相互关联和相互依存的规定，这种规定包含了足够的回旋余地以适应未来的修改。如有必要，这些规定会进行修订。这样的规划在任何时候都不会受到威胁。

因为它的合时宜、高执行能力和开放性，这个规划在随后的全民投票中得到了很高的认同度。当项目超过一定规模时，城市居民必须直接参与决策过程。在旧金山反对派的绘图抵制传统中，反对者勾勒出该地区的反乌托邦未来形象，一种过于密集的和反城市的，完全为满足私利为导向的图景。支持者则试图根据项目的公共质量，尽可能积极地推动该项目。这两种夸张、对立的方案，在整个潜在发展项目中相互交锋。项目在这两个极端中开展，成功与否将取决于监管机制在后续调整的能力。

适用规则：

——2 小时阴影 [2H]

——最佳和最差的城市轮廓 [UE]

——邻里相融 [NC]

——建筑退缩 [SB] [DTE]

——街道采光 [SEP] [DEC]

——混合用途（住宅与办公的比例）[UG]

——绘图抵制 [OD]

——街景特色 [QSV]

——高度范围 [HR]

——无天际线墙 [SWS]

——特别区域 [SD]

——建筑体量，纤细建筑 [BBK]

图 124a　未来发展的鸟笼，城市外轮廓及　　图 124b　印有反对图案的反对者海报
其填充式建设

图 124c　未来发展的鸟笼，城市轮廓

图 124d　苏黎世城市模型中的城市轮廓测试

图 125　伦敦主教门古德庭院（Goodsyard Bishopsgate）的天然黏土模型

没有设计——只有规则？

[A]
凯瑟尔罗团队，
KCAP 建筑与规划事务所

[L]
主教门古德庭院
伦敦，英国

伦敦主教门古德庭院的旧址，既有现状的高架桥、火车隧道，同时也会被未来东伦敦高架铁路穿越。在地坪几米高的地方，两条通往圣保罗大教堂的景观通廊在此交叉。在西部，利物浦街布罗德盖特（Broadgate）附近的高层商业区把开发压力逐渐传导到该区。位于东面的，是快速发展的小规模多元文化社区红砖巷（Brick Lane）。伦敦市长计划把该区 50% 的土地用于修建经济适用房。从实际可供建造的地面上看来，开发压力是巨大的。该地区分别为哈克尼区（Hackney）和陶尔哈姆莱茨区（Tower Hamlets）所管辖。

最后，该区的所有建筑公司都受"采光权"和其他建筑间距的规定所限制。

甚至在新的城市设计尚未最终决定之前，由于各种规则和约束，该地区已经饱和了。因此，规划过程包括整体性地逐一协调和关联各项约束和规则。

在特殊的标准下，发展愿景只能从若干城市轮廓中得出，但整体愿景也是不清晰的。最终结果只能通过叠加分析得出。

适用规则：

——整体公共空间布局 [PS]

——圣保罗的视线通廊 [LVM]

——城市轮廓 [UE]

——建筑退缩 [SB]

——建筑退台街道比 [SSR]

——场地内外视线控制 [LVM] [BP]

——可达性 [TPS]

126a　透明度

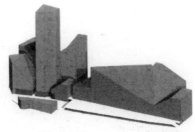

126b　地标

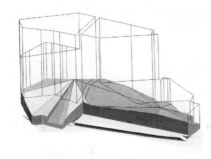

126c　日照（场地外）

126d　投影（场地外）

126e　多种建筑样式

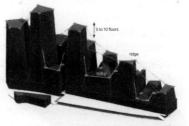

126f　逐渐增高的塔楼

图 126　特色各异的外轮廓的集合

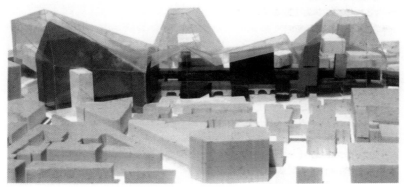

图 127　详细的内部规格

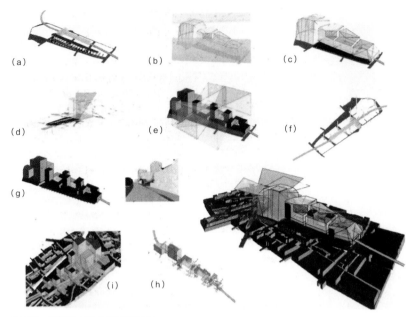

图 128 依据以下 9 个简单的规则：
（a）公共空间布局，（b）伦敦视线通廊，（c）带建筑退缩的城市轮廓，（d）看向场地内的视线，
（e）场地往外看的视线，（f）可达性和位置，（g）逐渐增高的塔楼，（h）取决于投影的方案
设计，（i）周边建筑的投影限制

——逐渐增高的塔楼 **[HDM] [DIM]**

——采光权 /2 小时阴影区 **[2H] [ALD]**

——避免天际墙 **[SWS]**

——地标与标志 **[LMI]**

——邻里相融 **[NC]**

——街景特色 **[QSF]**

共同点

　　上述项目的共同点，是尝试以规则作为设计的基础工具，即：制定与形态、布局、类型及数量相关的城市要素规则，并放开一定的自由度。尽管涉及不同的目标和难度，但基于规则的工作方法可以适用于广泛的（城市）设计任务。

　　城市是一个异构环境，容纳了彼此最大限度靠近的各种类型和规模的方案。它们构成了城市复杂性和活力的基本前提，但并不能保证成功。它们充满了不确定性，因为要事先确定、量化这些方案并实现它们的体量，就涉及对未来用户需求的各种猜测。为了避免不准确的预测，需要制定直接面向需求的规划。只有当

实际用户拥有直接影设计的自由时，这种规划才会成功。这种自由促使规则在设计中应用的核心动力，也是对五个不同层次项目的统一描述。

最初，斯凯果夫（Schuytgraaf）的凯瑟尔罗项目被视为一项实验，用以确定最终用户（即未来市民）纳入规划的程度。这个实验是 20 世纪 60 年代流行的传统的模型构思。为了满足用户的需求，设计师考虑了用户的喜好。为了实现参与式规划，凯瑟尔罗不甘心只用问卷收集意见，然后再按照惯例设计。相反，它设计了一个算法，能根据潜在居民对于地块大小、位置和建筑物类型的需求，自动生成有效的地块规划。正如斯凯果夫项目中所反映的，项目开发商很快就会发现，最终用户只是抽象地存在。混合着不同住宅数量的建筑被转换成未来居民的实际数目。最后，居民制定规划的自由变成从各类型和质量的住宅中选择的自由。根据初始目标，这种转变使实验以一个真实建设项目的形式"成功地失败"了。尽管如此，该项目还是提高了程序性的质量：该软件通过不受限制地输入个体用户的信息，扩展了混合用途实验及其即时可视化。在最佳情况下，此类测试可以生成利用率分布模型，而仅利用传统规划是很难实现的。在新的规划中，生成了非常规整且紧密的混合住宅类型：独立住宅布局在联排别墅、多户型住宅和公寓大楼旁。即使在有限的住区环境内，也可以产生高品质的开放结构。在规划过程中（根据给定项目规模不同可以延长至数年），需求的变化会影响这种灵活的总体规划，但不至于破坏它。

最后，该软件完成了评估体量生成程序的实验：它逆转了规划进程，以便从独立元素的属性中推导出公共结构。这与各个要素相互协调的顺序和层次有关：传统的规划方法首先确定公共街道网络，并由此确定地块及建筑的布局。而凯瑟尔罗软件恰好相反：与住宅开发的自然过程不同，考虑建筑与地块的出发点是独立的私人利益，而公共空间和公共基础设施则是以个体对象为导向的。因此，公共空间的正义性和定义源于私人利益，而不是以现成的结果投射在私人利益上。其结果是公共和私人之间建立了稳固而理想的联系。

鹿特丹魏哈芬岛的复兴项目说明了基于规则的设计的另一个特点和实际成效，即在不预先确定区划和相应时序的情况下实现分阶段和逐步开发的可能性。这种几乎是"自然"的发展形势能够进一步加强该地区的异质性，并使其具有可持续性：在没有基本时序限制的情况下，第一座塔楼在选择用地时享有最大的优势。指导塔楼间距的规则已经有了，但尚未起作用，是因为只规划了一座塔楼。这意味着第一个项目具有最大的回旋余地，并为项目的快速发展提供动力，推动了高层建筑的异质混合：较高的塔楼被较大的间距分隔，而较小的、更纤细的塔楼可放置于其间。顺便说一句，与传统的区域和时间分段开发相比，这种方法几乎自动提供了创建多样性的潜力。

苏黎世中央火车站附近的城市新区项目，在规划中拥有较高的自由度，在规划中增加了个体需求导向。从经济角度看，增加了一个混合使用的异质空间。然而，这两类愿望不一定是互补的。规则的制定必须公平对待二者，并在它们之间作出仲裁。

由于这是一个城市中心区，邻近的建筑文脉被转译成结构的初始设定。道路连同街区的规模一同分配给该地区。其城市轮廓 [UE] 采用平均高度与建筑退让的方法，在高度上通过交错发展加以区分，从而形成该项目的结构框架。它以理想的视线通廊限定体积的最大值。在这个范围内，照明和最大建筑体量 [BBK] 的规则可减小潜在的建筑物体量，并加强相邻建筑之间的差异。如上所述，2 小时阴影规则 [2H] 用于鼓励混合居住和就业功能，无须再定义这两类功能的固定比例。然而，重要的是需要评估哪些功能是成功的，以及哪些功能需要保护。在这一点上，很明显，如果没有设定底线，该地区的居住功能可能受到威胁。因此，除了底层分区和那些每天被阴影遮挡 2 个小时以上的分区，其余的地方都被指定为住宅用途。根据这些规则设计的用于确定开发类型的附加测试显示，平均有 50% 的住宅因为用途及强度产生了多种模式。最后一种办法既有优点也有缺点，优点是战略性的：所有的利益集团都能感知他们想要感知的一切。所有主角都觉得自己有能力为塑造地区内的潜在开发作出贡献。在某种程度上，他们甚至在讨论过程中提出了新规则。最后，规划过程中的这种明显的自由参与，推动了各种利益集团代表之间富有成效的讨论。

尽管如此，项目开发者发现了这种不精确做法的严重缺陷。与魏哈芬岛的塔楼不同，这里每个地块都没有预设的开发时序或利用率。先到先得，非常自由。但是，在项目一开始就必须考虑周边未来的开发，这必然带来一定的不安全感，与每个建筑的最终用途有

城市轮廓
[UE] § 2.12

建筑体量
[BBK] § 7.02–13

2 小时阴影
[2H] § 5.08

关。它使得基于前瞻性的规划的计算变得困难。在最坏的情况下，开发商在购买地块时难以算出回报率，因为这取决于潜在的建设规模，建设规模又取决于相邻地块的建设措施。以多元形态和多种开发时序为副作用的动态开发，难以与每个地块最大允许的利用率相协调。

然而，这并不意味着阈值无法继续用于基于规则的设计。量化指标仍允许项目在布局和形态上有相当的自由。但是，如果这一阈值得到其他规则的补充（例如以城市轮廓的形式确定发展界限），则未来的开发将以类似传统规划的方式确定。

根据这些基于规则的实际项目经验，我们可以得出一条规则：为确保项目有足够的回旋余地和自由度，建立关系的规则最好不超过3—4个，而且应该与结构框架同时应用。如果已有的环境文脉起主导作用，规则的数量则可进一步减少。如在伦敦主教门古德庭院的案例中，就根本不需要新增规划；相反，其任务在于分析和重新解释现有的规则。

最后，我们来讨论这种基于规则项目的可视化。本质上，根据形态模式变化的可能性，有三种可视化形式：首先，规则的可视化——可以是抽象的图块或是设计的结构框架（如轮廓的线框或体量模型）；其次，以开发时序或模式的图像序列呈现，一般具有固定的视角；最后，是建筑外观可能性的结果呈现。一般会对特定指标（如密度、容积率、开放空间、用途等）选取最小、中等、最大的参数。但是参数变化不能太多——信息太多会让人迷失，且给人一种随意的印象。

79 个密度管理工具——再访阿弗努尼市

总结上述案例相关的全部规则，可以得到一个包含115条规则的列表，即阿弗努尼市的通用法则。虽然这些规则的应用领域无法严格分开，但可以依据其主要目标进行大致分类：79条规则指导城市密度，77条规则影响城市和建筑形态，36条规则对方案统筹作出指引，52条规则直接管理建筑的高度，51条规则专门指导美学要求。鉴于规则是包容的，该分类中形态、密度和方案统筹间的关系会比较模糊。建筑形态的指引也是一种潜在的密度管理，例如它确定了两栋建筑间的最小距离。

有些规则确实是有复合作用的，它们同时影响着形态、利用率

[A]
阿弗努尼市

[L]
41° N，54° W

和密度。苏黎世的 2 小时阴影规则 [2H] 对建筑的形态（高度，体量）、方案统筹（住宅只能布置在无阴影区域）有明确的影响，当然，它也有对建筑群体的分布有影响（建筑间的距离），并最终落实到土地的利用率——这也是受建筑高度或体积影响的结果。

鉴于规则的跨领域应用特征，阿弗努尼条例的第一版有一定的信息冗余。假如城市想对密度进行指引，那么 79 条指导城市密度的规则肯定不会全用上。只需选择少量规则再附加应用范围即可。因此，选择的标准是各个规则的影响范围。无论用哪种措施指引城市密度，如最高高度、建筑间距、阴影、利用率奖励等，都会对城市形态产生巨大影响。

这也意味着，简单地选择一条规则就已经构成了一种设计选择，抽象的数字将与形态、外观、经济效能和利用率等质量关联。

我们还知道，虽然大多数规则的重点是指引城市特色、城市密度及其分布，但实际上只有少数规则在城市尺度上有效。这里 90% 的规则是与对象有关的，以单个建筑物或地块的规模来衡量。在这里，城市的总体形象是在截然相反的尺度上确定的。当我们读到阿弗努尼条例的第一版时，这种悖论就显而易见了：不是因为这个城市是虚构的，而是因为它基于人为均衡的价值观。这个城市的理想以对象间相互影响的方式，描述着日常特征。[4] 这些关系塑造了环境文脉和城市形象，即使这些环境文脉实际上并不存在。

要使这一成就具有可体验性，就需要有一个并不存在的城市——一个通过规则解释和建立的城市。这正是它的重要特征，在阅读法则之前并不存在，最重要的是读者没有先入为主的印象。从想象中得出的阿弗努尼形象，完全取决于 115 条规则的条款。每条规则都不是为了分析现存的城市环境，而是作为一种创作和产生形态的工具而变得真实：通过阅读感知一座城市，虽然阿弗努尼的形象并不实际存在，也永远不会存在。当读者从形态表达的角度解读时，规则就会变得活跃起来——但这是零碎的，因为 115 条规则无法在脑袋中合成一个完整的城市形象。相反，这些规则活跃在对阿弗努尼广阔的地域和城市特色的想象中。此外，尽管涉及许多规则，

---

4 在这一意义上，该条例不同于迈克尔·索金（Michael Sorkin）的《本地法则》（1993）。如果说《阿弗努尼条例》是基于现有条例收集之上的话，那么索金的管理结构就像本人指出的，将会导向乌托邦（127）——一个理想城市的理想法则。

但每位读者感知的图像都是不同的，这再次强调了规则中包含的自由度。

　　理想情况下，阿弗努尼会在第 1 章含蓄地介绍与规则互动的体验——其余章节将对产生体验的方法论及相关规则进行阐述。

远程控制

如今，人们普遍认为，城市没有让自己被设计，而仅以有限的方式被引导。同时，建成环境的产生是依据精确的规则进行的，包括自然过程和人为干预。此外，在城市主义的历史中也出现过一些大型干预的例子，即所谓的"宏伟工程"，表明人类对建成环境可以产生相当大的影响。

荷兰的填海工程是一个人为干预的影响深刻的例子，这项工程将巨大海域转变为陆地并进行开发，极端结果是出现了拥有近20万居民的阿尔梅勒（Almere）。[1]

仔细研究三个影响建设环境的因素，即自然过程、人为干预和"宏伟工程"，为我们提供了一些关于城市生产机制的见解。

自然过程遵循固定的自然规律。其中之一是几乎完全二维的城市设计特征：一个地块或建筑通常只能紧邻另一个地块或建筑。一个地块或建筑通常总是经公共道路到达。建成环境的大部分元素是相邻的，而不是相互重叠的。另一种自然法则是城市生产的本质经济特性。在自由社会中，建设是根据自由市场的机制进行的，即供需关系、有吸引力的地点、可用土地、土地价格或可达性。

人为干预一般都是为了控制自然过程，并保护环境不受过度开发的影响。它们本质上是以"负面"、有限措施的方式孕育"正面"、机会均等的发展。他们在规划中创造了"束缚性的自由"，这是民主原则在物质空间中的真正沉淀。例如，区划法规、土地所有权、建筑退缩产权线至少5米、产权线上的树篱高度为1.2米、防止公寓噪声滋扰等。

因此，在许多人看来，城市化景观表面上的"混乱"，实际上是一种极其有序的状态、一种"超秩序"，这是自然过程和人为干预共同作用的结果。

欧洲高铁轨道网络的建设表明，"宏伟工程"在今天仍然是有可能的。一方面，它们是有限人群有意识和集中意图的结果，换言之，是一项设计；另一方面，这种设计的最终形式受到许多因素的影响——政治利益、反对意见、地质条件、财政赤字和生态环境等。因此，这种平衡的结果往往没有一个特定的作者（设计师是集体），

---

1 Michelle Provoost et al.(1999), *Dutchtown: A City Centre Design by OMA/Rem Koolhaas.*

取决于最后一刻的运气，通常在细节上缺乏清晰度，并且不能产生连贯一致的特点。[2]

综上所述，值得注意的是，仍然有人认为可以通过固定的"人为艺术"的城市设计创造一个功能正常的城市。上述机制提出了一种更不证自明的设计和实施方法：如果我们想要设计城市，首先要粗略绘制一个拥有全球视野的"宏伟工程"。接着，我们根据城市生产的"自然过程"满足这一愿景，也要使开发计划符合我们自己制定的规则。根据我的经验，这是为数不多的，能作用于大规模、复杂的城市环境，并产生合理和精确可预测结果的工作方法之一。但是，按照这种方法制定的城市设计，已部署的规则有一些特殊之处。我在这里把它们大致分为三类：第一类规则包括枯燥无味的行政法规，从法律的角度规范的某些权利和情景，如获得日照的权利；第二类规则从主观（设计）视觉上制定，如上述的私人树篱；第三类规则侧重于动态变量控制的战略指导工具，例如平衡地块形态与规模、建筑类型、公共空间网络和通行能力之间的关系。

在城市主义历史的某个阶段，可能很早，规则根据这些类别进行了自我区分，并由此跨越了一个重要的意识形态边界：一些规则由纯粹的法律文书发展到创造性的设计工具。亚里克斯·雷纳在苏黎世联邦理工学院城市设计研究所所著的《伟大的城市法则》（*Grand Urban Rules*），正是将规则作为设计工具的创造性应用，这也构成该书的伟大意义。它不仅全面概述了美国和其他国家/地区的城市规则的历史，还探讨了如何以积极、创新的方式部署规则，以及规则所能体现的潜力。

休·菲利斯在《明日之都》（*The Metropolis of Tomorrow*）[3]中描绘了用木炭绘制的宏伟蓝图，体现了1916年的《纽约区划决议》向互惠关系迈出的清晰一步：规则和设计相互影响。这种互惠关系最终落实在无数的形态中，由此曼哈顿的极端环境成为整个美国的实验室。这也是可能的，因为网格状、长方形的街区构成了城市（甚至是大部分农村地区）的结构基础，几乎遍布美国各地。这个网格也可以看作将自由原则简单转译成城市规划：每条街道和每个街区在本质上都是平等的。

2　Nicola Schueller, Petra Wollenberg and Kees Christiaanse(2009), *Urban Reports*.

3　Hugh Ferriss (1929), *The Metropolis of Tomorrow*.

通过平等规则的应用，一个"通用的城市"——用雷姆·库哈斯（Rem Koolhaas）[4]的话来说——"一个没有财产的城市"、一个机会均等的城市、一个"开放城市"就出现了。然而，作为曼哈顿的撰稿人，库哈斯早在《癫狂的纽约》（*Delirious New York*）[5]中就已向我们表明，"通用的城市"并不长久。通过地方集权、中央公园、百老汇，加上形态、集中度、混合使用等的变化，曼哈顿已出现了特征截然不同的街区。而为适应投资压力而调整的地方规则进一步增强了这些差异。在统一网格的基础上，不同混合程度、年代、密度和类型特征的差异，共存着不同背景的社区，体现了美国城市的精髓。以简单的规则集合承载，从简单的基础中得出复杂、功能完善且引人入胜的城市结构，这在 1983 年大都会建筑事务所（OMA）的巴黎维莱特公园（Parc de la Villette）设计中充分体现出来。[6]在这个项目里，被渲染的荷兰低地景观代表着"宏观项目"。而简单的基地及其组织原则，如带状低地、规则和穿插场地的各种方案统筹，则代表着自然过程。这个概念建立了美国的"伟大的城市规则"和"基于规则的设计"之间的桥梁，尤其是在今天的战略城市主义中，对年轻一代的设计师如亚里克斯产生了不可抗拒的吸引力。

"……城市设计作为公共产品的组织者，应对建筑保持一定的谦逊，集思广益，换句话说，城市设计是要为自由创造条件的。"[7]

在"基于规则的城市设计"发展过程中的第二座桥梁，是KCAP 建筑与规划事务所为鹿特丹魏哈芬岛而做的城市设计。[8]尽管事实上这个项目没有运用任何计算机软件，但它无疑是最近参数化软件实验的原型。基于主观的设计愿景，借助人为干预和"宏伟工程"，自然形成了纤细塔楼的形态，并在已有街区和街道的基础上进行了开发。该项目属于真正实现和成功发挥作用的几个少数实验之一。[9]在以亚历克斯为主导的联邦理工学院研究项目凯瑟尔罗[10]中，这些原理是由计算机仿真建模的。在这项工作中，对规则的测试不可能用休·菲利斯的精彩炭笔画来评价，而是以更广泛的变量

4　Rem Koolhaas et al. (1995), *Small, Medium, Large, Extra-Large: Office for Metropolitan Architecture, Rem Koolhaas and Bruce Mau*.

5　Rem Koolhaas (1978), *Delirious New York: A Retroactive Manifesto for Manhattan*.

6　同 4。

7　Kees Christiaanse (1989), *Creating Condition of Freedom*.

8　Paul Groenendijk (2009), *The Red Apple & Wijnhaven Island*.

9　同 8。

10　凯瑟尔罗。

和角度来研究。我们最近利用这样的方法对苏黎世中央火车站和伦敦主教门的火车站地区进行了高层建筑研究，探索了城市形象、建筑类型、朝向、视线、采光和日照之间的关系。另外，还研究了郊区开发的有效布局和街道模式和建筑之间的方案统筹关系。

我们非常感谢亚历克斯所做的努力，他广泛地研究了美国城市设计中配置规则的根源，特别是探索其原动力及效果。首先，本书激发我们思考城市设计中的操作规则，清楚地表明规则和软件无法设计其自身。如果运用得当，它们可以成为确定性空间结构的良好工具。其次，本书是一本城市设计师的参考手册，他可以从中找到一定的原则、类型和规则体系并开展深入研究。最后，本书为城市设计师寻找更有效的方法引导当代城市提供了灵感。

基斯·克里斯蒂安

苏黎世，2009 年

建筑的气候维度

我们是建筑师和信息科学家，这是一个稀有物种。我们能够快速设计在殖民地球的管理系统，还可以设计模拟建筑的控制系统。当建筑师感到不妙时，就依靠个人创造力或回溯事物的本源，从而获得其职业的确定性，并在技术合理性的冲击下坚守自己的位置，即返璞归真。技术人员则无视这些阻力，盲目扩大自己的能力，变得更加急切和差异化，期盼下一次成功———一切皆有可能。

苹果从树上落下来是一个简单的定律。在 17 世纪，确定了许多这样的定律，虽然考察的对象越来越小，但越来越多。在 19 世纪，结果是显而易见的：在缺乏能量输入的情况下，每一个理性的系统会达到一种平衡状态，此后保持在"冷死"的状态，或因为负熵的出现"热死"，这很令人不安。显然，我们的生存和生活环境取决于一个与众不同的载体。对我们来说，平衡状态是专制的也是不可能的。我们的载体在局部和临时层面成功地防止了系统屈服于平衡，但这只是局部和暂时的。因此，大型和包罗万象的理性秩序系统代表着威胁，而不是希望。

但是，我们除了理性和机器一无所有，在与它们打交道时也不确定。我们的存在是一种探索、一个计划。通过它我们可能会延长本不可能的存在。目前还没有清晰的前景和确定性，只是一个摸索的过程。我们拥有了一切，包括我们的思想和机器。确定性不再存在于一本书中，甚至也不再存在于众多的书籍、机器、材料、地球，它存在于代码、不确定性、预测和气候中。我们假设这里还有一点点确定性。从这个角度来看，亚历克斯的工作是快乐源泉！令人好奇、有趣和开放！

路德·豪威斯塔德
苏黎世，2009 年

参考文献

Alexander, Christopher 'A City Is Not a Tree', *Architectural Forum*, London, /1 (April 1965).

Alexander, Christopher *Notes on the Synthesis of Form* (Eighth printing edn.; Cambridge, MA: Harvard University Press, 1974).

Appleyard, Donald and Fishman, Lois 'High Rise Buildings Versus San Francisco', in Donald Conway, et al. (eds.), *Human Response to Tall Buildings* (Stroudsburg, PA: Dowden Hutchinson & Ross, 1977).

Banham, Reyner *Los Angeles; the Architecture of Four Ecologies* (1st U. S. edn.; New York, NY: Harper & Row, 1971).

Banham, Reyner et al. 'Non-Plan: An Experiment in Freedom', in Jonathan Hughes (ed.), *Non-Plan Essays on Freedom Participation and Change in Modern Architecture and Urbanism* (Oxford, UK: Oxford Architectural Press, 2000).

Baiter, Richard Abbott and New York Office of Lower Manhattan Development. *Lower Manhattan Waterfront: The Special Battery Park City District, the Special Manhattan Landing Development District, the Special South Street Seaport District* (New York, NY: Office of Lower Manhattan Development, 1975).

Barnett, Jonathan 'Introduction to Part III: Case Studies in Creative Urban Zoning', in Norman Marcus and Marilyn W. Groves (eds.), *The New Zoning: Legal, Administrative, and Economic Concepts and Techniques* (New York, NY: Praeger Publishers, 1970).

Barnett, Jonathan *Urban Design as Public Policy: Practical Methods for Improving Cities* (New York, NY: Architectural Record Books, 1974).

Bassett, Edward Murray *Autobiography of Edward M. Bassett* (New York: Harbor Press, 1939).

Bernard, Richard M. and Rice, Bradley R. *Sunbelt Cities: Politics and Growth since World War II* (1st edn.; Austin, TX: University of Texas Press, 1983).

Blake, Peter *God's Own Junkyard; The Planned Deterioration of America's Landscape* (1st edn.; New York, NY: Holt Rinehart and Winston, 1964).

Borges, Jorge Luis 'Die Analytische Sprache John Wilkins', in Jorge Luis Borges (ed.), *Das Eine Und Die Vielen. Essays Zur Literatur* (Munich, 1966).

Bryce, James *The American Commonwealth* (2nd edn.; London, UK and New York, NY: Macmillan and co., 1889).

Brooks, Benjamin; C. M. Gidney, Edwin M. Sheridan *History of Santa Barbara, San Luis Obispo and Ventura Counties, California*, 2 vols. (Chicago, IL: The Lewis Publishing Company, 1917).

California Department of Transportation 'The Adopt-a-Highway Programme', http://www.dot.ca.gov/hq/maint/adopt/, (2008).

Caro, Robert A. *The Power Broker: Robert Moses and the Fall of New York* (1st edn.; New York, NY: Knopf, 1974).

Chapman, Park 'Built with a Merger Here, a Bonus There—Trump Plaza', *Real Estate Weekly*, December 6, 2000.

Charle, Suzanne 'New Laws Protect Rights to Unblocked Sunshine', *New York Times*, July 20 1980.

Christiaanse, Kees 'Creating Conditions of Freedom', *World Architecture*, 6 (1989).

Clark, William Clifford and Kingston, John Lyndhurst *The Skyscraper; a Study in the Economic Height of Modern Office Buildings* (New York, NY, Cleveland, OH: American Institute of Steel Construction Inc., 1930).

Comey, Arthur C. *Transition Zoning* (Harvard City Planning Studies V; Cambridge, MA: Harvard University Press, 1933).

Le Corbusier *When the Cathedrals Were White* (New York: McGraw-Hill, 1964).

Costonis, John J. *Icons and Aliens: Law, Aesthetics, and Environmental Change* (Urbana, IL: University of Illinois Press, 1989).

Dunlap, David W. 'Owners of Too-Tall Tower Offer to Renovate 102d St. Tenements', *New York Times*, August 4, 1988.

Dunlap, David W. 'Grand Central Owner Seeks Broader Use of Air Rights', *New York Times*, May 3, 1992.

Ferriss, Hugh *The Metropolis of Tomorrow* (New York, NY: Ives Washburn, 1929).

Fédération Internationale de Football Association *Laws of the Game* (Zürich, CH: FIFA, 2008).

Fitzgerald, F. Scott 'My Lost City', in Edmund Wilson (ed.), *The Crack-Up : With Other Uncollected Pieces, Note-Books and Unpublished Letters ; Together with Letters to Fitzgerald from Gertrude Stein ... [Et Al.] ; and Essays and Poems by Paul Rosenfeld ... [Et Al.]* (New York, NY: New Directions, 1956).

Fonorof, Allan 'Special Districts: A Departure from the Concept of Uniform Control', in Norman Marcus and Marilyn W. Groves (eds.), *The New Zoning: Legal, Administrative, and Economic Concepts and Techniques* (New York, NY: Praeger Publishers, 1970).

Ford, Larry R. *Cities and Buildings, Skyscrapers, Skid Rows, and Suburbs* (Baltimore, MD: The Johns Hopkins University Press, 1994).

Fortune Magazine 'Skyscrapers: Pyramids in Steel and Stock', *Fortune* 2, (August, 1930).

Foucault, Michel *Die Ordnung Der Dinge —Eine Archäologie Der Humanwissenschaften* (Frankfurt a.M.: Suhrkamp, 1971).

Freund, Ernst 'Discussion', *The Third National Conference on City Planning* (1911).

Garvin, Alexander *The American City : What Works, What Doesn't* (New York, NY: McGraw-Hill, 1996).

General Outdoor Advertising Co. Vs. Department of Public Works, 289 MA 149, 193 NE 799 (1936).

Goldberger, Paul 'When Planning Can Be Too Much of a Good Thing', *The New York Times*, December 6, 1987.

Goldberger, Paul 'When Developers Change the Rules During the Game', *New York Times*, March 19, 1989.

Goldberger, Paul 'The Skyline, Now Arriving', *The New Yorker*, (1998).

Groenendijk, Paul *The Red Apple & Wijnhaven Island* (Rotterdam, NL: 010 Publishers, 2009).

Haar, Charles Monroe; Kayden, Jerold S. and The American Planning Association *Zoning and the American Dream: Promises Still to Keep* (Chicago, IL: Planners Press American Planning Association in association with the Lincoln Institute of Land Policy, 1989).

Harden, Blaine 'A Bankroll to Fight a Behemoth; Rich Neighbors Open Wallets to Battle Trump's Project for Residential Skyscraper', *New York Times*, September 8, 1999.

Hardin, Garrett 'The Tragedy of the Commons', *Science*, /162 (December 13, 1968).

Hartman, Chester W. *The Transformation of San Francisco* (Totowa, NJ: Rowman & Allanheld, 1984).

Hayek, Friedrich August von *Individualismus Und Wirtschaftliche Ordnung* (Erlenbach-Zürich, CH: Eugen Rentsch Verlag, 1952).

Hayek, Friedrich August von *The Constitution of Liberty* (Chicago, IL: Regnery, 1972).

Hegemann, Werner *Das Steinerne Berlin 1930 —Geschichte Der Grössten Mietskasernenstadt Der Welt* ((Aufl. 3, unveränd.) edn.; Braunschweig Wiesbaden: Vieweg, 1979).

Hersey, George L. and Freedman, Richard *Possible Palladian Villas (Plus a Few Instructively Impossible Ones)* (Cambridge, MA: MIT Press, 1992).

Holl, Steven *The Alphabetical City* (New York: Pamphlet Architecture, 1980).

The City of Hong Kong 'Guidelines on Specific Major Urban Design Issues—Heritage and View Corridors', *Chapter 11: Urban Design Guidelines for Hong Kong* (6.2.6 – 6.2.7) (Hong Kong, CN: HK Planning Department, 2005).

The City of Hong Kong *Urban Design Guidelines for Hong Kong – Preservation of Views to Ridgelines/Peaks—Executive Summary* (Hong Kong, November 2002).

Horsley, Carter B. 'In the Air over Midtown: Builders' New Arena', *New York Times*, February 11, 1979.

Horsley, Carter B. 'Is It One Building or Two? New Project Halted by Dispute', *New York Times*, January 14, 1979.

Howard, Ebenezer and Osborn, Frederic James *Garden Cities of To-Morrow* (Cambridge, MA: MIT Press, 1965).

Huxtable, Ada Louise 'Towering Question: The Skyscraper', *New York Times*, June 12, 1960.

Jacobs, Jane *The Death and Life of Great American Cities* (New York, NY: Random House, 1961).

Joedicke, Jürgen *Angewandte Entwurfsmethodik Für Architekten* (Stuttgart, DE: Krämer, 1976).

Kanton Zürich 'Anleitung Zur Bestimmung Des Schattenverlaufes Von Hohen Gebäuden, Die 2-Stunden-Schattenkurve', in Amt für Regionalplanung (ed.), *Grundlagen zur Orts- und Regionalplanung im Kt. Zürich* (Zürich, 1967).

Kayden, Jerold S. The New York Dept. of City Planning and The Municipal Art Society of New York, *Privately Owned Public Space: The New York City Experience* (New York, NY: John Wiley, 2000).

Kelly, Kevin *Out of Control: The New Biology of Machines, Social Systems and the Economic World* (New York, NY: Basic Books, 1994).

Koolhaas, Rem *Delirious New York: A Retroactive Manifesto for Manhattan* (New York, NY: Oxford University Press, 1978)

Koolhaas, Rem et al. *Small, Medium, Large, Extra-Large: Office for Metropolitan Architecture*, Rem Koolhaas and Bruce Mau (Rotterdam, NL: 010 Publishers, 1995).

LaGrasse, Carol W. 'The Wall of Cars', *New York Property Rights Clearinghouse*, Vol.6 No.1 (May 2002).

Lehnerer, Alexander 'Tit for Tat and Urban Rules', in Walz Borries, Böttger (ed.), *Space, Time, Play* (Basel, Boston, Berlin: Birkhäuser, 2007).

Lewyn, Michael 'Zoning without Zoning' *Planetizen—The Planning & Development Network* (2003); http://www.planetizen.com/node/109.

The City of Los Angeles 'City of Los Angeles Municipal Code', in The City of Los Angeles (ed.), (Sixth Edition edn., Ordinance No. 77,000: American Legal Publishing Corp., 2007).

The City of Los Angeles 'Mulholland Scenic Parkway—Specific Plan', in City of Los Angeles—A Part of the General Plan (ed.), (Ordinance No. 167, 943, 1992).

The City of Los Angeles 'Mulholland Scenic Parkway Specific Plan—Design and Preservation Guidelines', in A part of the General Plan—Community Plans/Specific Plans City of Los Angeles (ed.), (pursuant to Ordinance No. 167,943; City of Los Angeles, 2003).

The City of Los Angeles 'Wilshire—Westwood Scenic Corridor—Specific Plan', in City of Los Angeles—A Part of the General Plan (ed.), (Ordinance No. 155,044; City of Los Angeles, 1981).

Loyer, François *Paris Nineteenth Century : Architecture and Urbanism* (1st American edn.; New York, NY: Abbeville Press, 1988).

Lynch, Kevin *The Image of the City* (Cambridge, MA: Technology Press, 1960).

Lynch, Kevin *Site Planning* (2nd edn.; Cambridge, MA: MIT Press, 1971).

Lyons, Richard D. 'Beheading a Tower to Make It Legal', *New York Times*, February 28, 1988.

Mandelker, Daniel R. 'The Basic Philosophy of Zoning', in Norman Marcus and Marilyn W. Groves (eds.), *The New Zoning* (New York: Praeger Publishers, 1970).

Manville, Michael and Shoup, Donald 'People, Parking, and Cities', *Access*, No. 25 (2004).

Martin, Leslie 'The Grid as Generator', *Urban Space and Structures* (London, UK: Cambridge University Press, 1972).

Martin, Leslie and March, Lionel *Urban Space and Structures* (London, UK: Cambridge University Press, 1972).

Mayor of London, Housing—the London Plan Supplementary Planning Guidance (Spg) (London, UK: Greater London Authority, November 2005).

Mayor's Task Force on Urban Design *The Threatened City* (New York, NY, 1967).

Neutelings Riedijk Architects N.94 —*Neutelings Riedijk 1992/1999* (Madrid, ES: ElCroquis, 1999).

The City of New York '81–272 Alternative Height and Setback Regulations—Daylight Evaluation—Features of the Daylight Evaluation Chart', *Zoning Resolution. Article VIII: Special Purpose Districts* (The Department of City Planning, 2007).

The City of New York '81–274 Alternative Height and Setback Regulations—Daylight Evaluation—Rules for Determining the Daylight Evaluation Score', *Zoning Resolution. Article VIII: Special Purpose Districts* (The Department of City Planning, 2007).

The City of New York *Development and Present Status of City Planning in New York City* (New York, NY: Board of Estimate and Apportionment, Committee on the City Plan, 1914).

The City of New York 'Zoning Resolution. Article VIII: Special Purpose Districts', (The Department of City Planning, 2007).

The City of New York *Zoning Handbook* (January 2006 edn.; New York, NY: Department of City Planning, 2006).

The New York Times Editorial 'First Detailed Official Plans of the New York Central's Improvements', *New York Times*, March 27. 1910.

The New York Times Editorial 'Mayor Criticizes Moses on Zoning—Makes Light of Attack on Floor Area Ratio Plan to Prevent Overbuilding', *NY Times*, June 8, 1960, Wednesday 1960.

The New York Times Editorial 'The Design of the City', *New York Times*, February 13, 1967.

The New York Times Editorial 'A Little Zoning Is a Good Thing', *NY Times*, March 2, 1977, Wednesday 1977.

The New York Times Metropolitan Desk 'Man to Defend His Unmown Lawn in Court', *New York Times*, September 16, 1984, Sunday 1984.

City of Passic Vs. Patterson Bill Posting 72 NJL 285, 62 A 267 (1905).

People Vs. Stover 12 NY 2d 462, 191 NE 2d 272 and 240 NYS 2d 734 (1963).

Platt, Rutherford H. and Lincoln Institute of Land Policy *The Humane Metropolis: People and Nature in the 21st-Century City* (Amherst, MA: University of Massachusetts Press in association with Lincoln Institute of Land Policy Cambridge, 2006).

Pommer, Richard and Otto, Christian F. *Weissenhof 1927 and the Modern Movement in Architecture* (Chicago, IL: The University of Chicago Press, 1991).

Provoost, Michelle and et al. *Dutchtown: A City Centre Design by OMA/Rem Koolhaas* (Rotterdam, NL: NAi Publishers, 1999).

Reps, John W. *The Making of Urban America—a History of City Planning in the United States* (Princeton, NJ: Princeton University Press, 1965).

Rittel, Horst W. J. and Reuter, Wolf D. *Planen—Entwerfen—Design Ausgewählte Schriften Zu Theorie Und Methodik* (Stuttgart, DE: Kohlhammer, 1992).

Rossi, Aldo *The Architecture of the City* (Cambridge, MA & London, UK: MIT Press, 1982).

Rowe, Colin and Koetter, Fred *Collage City* (Cambridge, MA: MIT Press, 1978).

The City of San Francisco *The Downtown Plan—Proposal for Citizen Review* (San Francisco, CA: Department of City Planning, 1983).

The City of Santa Barbara 'Attractions Guide—the Courthouse', www.santabarbara.com, (2008).

The City of Santa Monica 'Planning and Zoning—Fence, Wall, Hedge, Flagpole', in The City of Santa Monica (ed.), *City of Santa Monica Municipal Code* (9.04.10.02.080; Seattle, WA: Quality Code Publishing, 2007).

Scenic America 'Background on Billboards', http://www.scenic.org/billboards, (2008).

Schueller, Nicola; Wollenberg, Petra and Christiaanse, Kees *Urban Reports* (Zürich, CH: GTA Publishers, 2009).

Schuman, Wendy 'Soho a 'Victim of Its Own Success'', *New York Times*, November 24, 1974.

Scott, Mel *The San Francisco Bay Area : A Metropolis in Perspective* (2nd edn.; Berkeley, CA: University of California Press, 1985).

The City of Seattle *Downtown Seattle Height and Density Changes—Numbers of Projected New Buildings by Height Range* (Strategic Planning Office, 2002).

The City of Seattle The Downtown Urban Center Neighborhood Plan (Seattle: Downtown Urban Center Planning Group, 1999).

Shultz, Earle and Simmons, Walter Offices in the Sky (1st edn.; Indianapolis, IN: Bobbs-Merrill, 1959).

Smith, Adam The Wealth of Nations (London, UK, New York, NY, 1966).

Sorkin, Michael Local Code: The Constitution of a City at 42°N Latitude (New York, NY: Princeton Architectural Press, 1993).

St. Louis Gunning Advertising Co. Vs. City of St. Louis 235 MO 99, 137 SW 929 (1911).

Stern, Robert A. M.; Gilmartin, Gregory and Mellins, Thomas New York 1930: Architecture and Urbanism between the Two World Wars (New York, NY: Rizzoli, 1987).

Stern, Robert A. M.; Mellin, Thomas and Fishman, David New York 1960: Architecture and Urbanism between the Second World War and the Bicentennial (New York, NY: Monacelli Press, 1995).

Sullivan, Louis H. and Bragdon, Claude Fayette Kindergarten Chats on Architecture, Education and Democracy (1st edn.; Washington, DC: Scarab Fraternity Press, 1934).

Toll, Seymour I. Zoned American (New York, NY: Grossman Publishers, 1969).

United Kingdom Legislation Town and Country Planning Act 1990, Chapter 8: Section 106 (London: Office of the Deputy Prime Minister, 1990).

Unwin, Raymond Nothing Gained by Overcrowding! Or How the Garden City Type of Development May Benefit Both Owner and Occupier (third edn.; London, UK: Garden Cities and Town Planning Association, 1912).

U.S. Department of Transportation (Deputy Executive Director Vincent F. Schimmoller) Memorandum: Adopt-a-Highway Signs —Interpretation (Ii-477(I) —"Advertising on Adopt-a-Highway Signs"), (April 27, 2001).

Venturi, Robert; Brown, Denise Scott and Izenour, Steven Learning from Las Vegas (Cambridge, MA: MIT Press, 1972).

Village of Euclid Vs. Ambler Realty Co 272 US 365, (1926).

Walker Smith, Voorhees & Smith Zoning New York City; a Proposal for a Zoning Resolution for the City of New York (New York, NY, 1958).

Waldram, Percy J. 'The Measurement of Illumination; Daylight and Artificial: With Special Reference to Ancient Light Disputes', The Journal of the Society of Architects Vol. 3 (1909).

Waldram, P. J. and Waldram, J. M. 'Window Design and the Measurement and Predetermination of Daylight Illumination', The Illuminating Engineer, Vol. XVI (1923).

Weaver, Clifford L. and Babcock, Richard F. City Zoning—the Once and Future Frontier (Chicago, IL: Planners Press: Order from American Planning Association, 1979).

Weinstein, Richard How New York's Zoning Was Changed to Induce the Construction of Legitimate Theaters', in Norman Marcus and Marilyn W. Groves (eds.), The New Zoning: Legal, Administrative, and Economic Concepts and Techniques (New York, NY: Praeger Publishers, 1970).

Wheaton, William C. 'Zoning and Land Use Planning: An Economic Perspective', in Charles Monroe Haar, Jerold S. Kayden and American Planning Association (eds.), Zoning and the American Dream : Promises Still to Keep (Chicago, IL: Planners Press American Planning Association in association with the Lincoln Institute of Land Policy, 1989).

Whyte, William Hollingsworth The Last Landscape (1st edn.; Garden City, NY: Doubleday, 1968).

Willis, Carol Form Follows Finance: Skyscrapers and Skylines in New York and Chicago (1st edn.; New York, NY: Princeton Architectural Press, 1995).

Wolfe, Tom 'Electrographic Architecture', Architectural Design, (July, 1969).

Yick Wo Vs. Hopkins 118 US 356, (1886).

Zoll, Stephen Superville: New York—Aspects of Very High Bulk (Massachusetts Review 14, 1973).

图片来源

2 Hersey and Freedman (1992), Possible Palladian Villas (Plus a Few Instructively Impossible Ones). MIT Press.
4 Plan of the City of New Babylon, Kansas Ter. The City of New Babylon on Paper, drawn by A. C. Warren, from Albert Richardson, *Beyond the Mississippi*. Hartford, 1867. A. Printed in Reps (1965), The Making of Urban America—a History of City Planning in the United States, 369.
5 The City of New Babylon in Fact. View of New Babylon, drawn by George W. White, from Albert Richardson, *Beyond the Mississippi*. Hartford, 1867. Printed in Reps (1965), The Making of Urban America—a History of City Planning in the United States, 370.
6 Triborough Bridge and Tunnel Authority, New York.
7 From a painting by G. W. Wittich in 1870, in Williams Brothers, *The History of Franklin Pickaway Counties*. Ohio, Cleveland, 1880. printed in Reps (1965), The Making of Urban America—a History of City Planning in the United States, 489. (Olin Library, Cornell University, Ithaca, New York)
8 Illustration based on Manuscript plans of Circleville, Ohio, drawn by John W. Reps in 1955. Printed in: Reps (1965), The Making of Urban America—History of City Planning in the United States, 490.
11 Garvin (1996), The American City: What Works, What Doesn't, 433.
13 Voorhees (1958), Zoning New York City; a Proposal for a Zoning Resolution for the City of New York, 40.
15 Cartographer J. T. Palmatary, published by Braunhold & Sons (Chicago). Chicago Historical Society, ICHI–05656.
16 The City of Chicago, showing the Burnt District. Published in Harpers Weekly, August 1, 1874. From a colored print published by Currier & Ives.
17 Lithograph by Arno B. Reincke, 1916.
18 Shultz and Simmons (1959), Offices in the Sky, 285.
20 Map by Richard Hurd in Hurd (1924), Principles of City Land Values., reprinted in Willis (1995), Form Follows Finance: Skyscrapers and Skylines in New York and Chicago, p.171.
22 Plate 132 from The Plan of Chicago, 1909. Burnham et al. By Jules Guerin, delineator. On permanent loan to The Art Institute of Chicago from the City of Chicago, 28.148.1966.
26 A panorama of Santa Barbara from the mesa, by Alfred Robert Edmondson, 1914.
28 Hegemann (1930), Das Steinerne Berlin 1930—Geschichte Der Grössten Mietskasernenstadt Der Welt, 213, 230. Basel: Birkhäuser, 2000 (4th edition, 978-3-7643-6355-0).
29 Edwards (1924), Good and Bad Manners in Architecture.

30 Panoramic view of 1893 World's Columbian Exposition in Chicago. Library of Congress, LC–USZ62–128873.
31 LaGrasse (2002), The Wall of Cars. Photograph by Kenneth Walter.
33 Robert Venturi, courtesy of Venturi, Scott Brown and Associates, Inc.
34 City of Las Vegas, Planning & Development Department (2007), Chapter 19.06, Special Purpose and Overlay Districts.
35–37 City of Las Vegas, Planning & Development Department (2007), Chapter 19.14, Sign Standards.
40 The picture was taken in 1974 at the time of a public referendum to curb high rise development in San Francisco. Courtesy of Berkeley Simulation Laboratory, Peter Bosselmann.
42a-c Illustrations based on the San Francisco General Plan—Building Bulk. The City of San Francisco (2000–2008).
43 Illustration according to the San Francisco General Plan—Quality of Street Views. The City of San Francisco (2000–2008).
45 Courtesy of Adam Hardy
46a Illustration based on the View Protection Guidelines of the City of Vancouver (December 1990).
46b Illustration based on information of the False Creek Official Development Plan by the City of Vancouver (April 1998).
48a–b Illustration based on the Urban Design Guidelines for Hong Kong —Preservation of Views to Ridgelines/Peaks —Executive Summary. The City of Hong Kong (2002).
50–51 Illustrations based on the London View Management Framework Draft SPG. Mayor of London (April 2005).
52a Mayor of London (April 2005), London View Management Framework Draft SPG.
56 Ferriss (1929), The Metropolis of Tomorrow.
58b Illustration based on Anleitung Zur Bestimmung Des Schattenverlaufes von Hohen Gebäuden, Die 2–Stunden Schattenkurve. Kanton Zürich (1967).
59 Anstey and Harris (2006), Anstey's Rights of Light—and How to Deal with Them, 60. RICS, Michael Cromar (illustrator).
61 Illustration based on Anstey and Harris (2006), Anstey's Rights of Light—and How to Deal with Them, 96.
62a–g Courtesy of the Department of City Planning, City of New York.
64 New York City Department of City Planning.
69 Ford et al. (1931), Building Height, Bulk, and Form; How Zoning Can Be Used as a Protection against Uneconomic Types of Buildings on High-Cost Land.
72 Stern et al. (1995), New York 1960:

Architecture and Urbanism between the Second World War and the Bicentennial, 342., rights: Joseph E. Seagram & Sons, Inc. New York.
80 Voorhees (1958), Zoning New York City; a Proposal for a Zoning Resolution for the City of New York, 129–30.
81–83 Clark and Kingston (1930), The Skyscraper; a Study in the Economic Height of Modern Office Buildings.
84 (Urban Design Group, New York, ca. 1970).
90a Jacobs (1961), The Death and Life of Great American Cities, 179.
94 Illustration based on information by the Seattle Strategic Planning Office, 2002.
105 The City of New York (2007), Zoning Resolution. Article II: Residence District Regulations. Chapter 4—Bulk Regulations for Community Facility Buildings in Residence Districts. Amendment from 10/17/07.
113 Courtesy of Civitas, New York City.
115 Based on Unwin (1912), Nothing Gained by Overcrowding! Or How the Garden City Type of Development May Benefit Both Owner and Occupier, 4.
116 Martin and March (1972), Speculations, 52. Cambridge University Press.
117 Martin (1972), The Grid as Generator.
118 Holl (1980), The Alphabetical City, 60.
119 Hisao Suzuki.
120, 122a–c Kaisersrot.
121 Aerial photo by Aerodata International Surveys, 2008. Schuytgraaf, NL, project by KCAP, Rotterdam.
124a,c Courtesy of KCAP.
125, 127 Models executed by students of the 2005 ETH London Bishopsgate Studio.
126af, 128 Renderings executed for KCAP.

The author has made every effort to secure the permissions necessary to reproduce the visual material in this book. Any omissions will be corrected in subsequent editions.